Chemische Kosmographie

Vorlesungen

gehalten an der

Kgl. Technischen Hochschule zu Münch

im

Wintersemester 1902—1903

von

Privatdozent Dr. Emil Baur

München und **Berlin**

Druck und Verlag von R. Oldenbourg

1903

Vorwort.

Hiermit übergebe ich Vorlesungen, die ich im Wintersemester 1902—1903 an der Kgl. Technischen Hochschule zu München gehalten habe, der Öffentlichkeit, in der Absicht, denjenigen Freunden der Naturwissenschaft, welche bei ihren Studien nach allgemeineren Überblicken streben, in einer bestimmten Richtung behilflich zu sein. Natürlich war ich beflissen, allenthalben den neuesten Standpunkt der Wissenschaft einzunehmen. Sollte mir dies nicht durchweg gelungen sein, so möge man die grofse Verschiedenartigkeit des Stoffes als Entschuldigung gelten lassen.

Als Leser dieses Buches setze ich solche voraus, die in die Chemie in moderner Weise, etwa durch Ostwalds Grundlinien der anorganischen Chemie, eingeführt sind und im übrigen über ein Mafs von naturwissenschaftlichen Kenntnissen verfügen, wie es etwa das tentamen physicum der Mediziner oder eine naturwissenschaftliche Lehramtsprüfung verlangen würde.

Emil Baur.

Erste Vorlesung.

Meine Herren! Das Studium der Chemie wird meist aus Nützlichkeitsgründen betrieben. Und wirklich gehört die Chemie, wie Medizin und Jurisprudenz, zu den anwendungsfähigsten Wissenschaften. Indessen ist ihre Bedeutung mit ihrer praktischen Brauchbarkeit nicht erschöpft. Vielmehr tragen ihre Lehren in hohem Mafse zu dem Aufbau unseres naturwissenschaftlichen Weltbildes bei.

Zwar ist in dieser Hinsicht unter allen Naturwissenschaften die Zoologie unstreitig die wichtigste. Daher war sie auch stets, namentlich aber im verflossenen Jahrhundert, die populärste aller Wissenschaften. Sie bestimmt die Stellung des Menschen in der Natur, sie zeichnet die Gesetze seiner Entwickelung, und sie enthüllt, um Worte von Ernest Renan zu gebrauchen, »jene Wahrheiten, welche den Tod beherrschen, ihn zu fürchten verhindern und ihn fast zu lieben lehren«.

Doch auch die Chemie trägt zu dem Weltbilde des modern Gebildeten Entscheidendes bei, und es soll nun unsere Aufgabe sein, zusammenzufassen, was dieselbe in diesem Betrachte zu leisten vermag, indem wir die chemischen Vorgänge in der Natur verfolgen. Dies ist es, was ich unter einer chemischen Kosmographie verstanden wissen möchte.

Meine Herren! Von einem menschlichen Standpunkte aus betrachtet, liegt der Zweck der Welt wie auch unseres eigenen Tuns in der Gestaltung. Uns entzückt die Bewegung der Gestirne, das farbige Antlitz der Erde, die Symmetrie des Kristalls, die Vollkommenheit der lebendigen Gebilde und die hohe Kunst des Menschen. Die Schönheit der Welt liegt in ihrer Durchgestaltung. Sie ist, wie Alexander von Humboldt mit so vornehmem Idealismus es nannte, ein Kosmos. Den Naturforscher, der ihren einzelnen Gestalten nachgeht, begleitet bei seinen Studien die sinnliche Freude, welche mit der Entdeckung und Kenntnis jener Gestalten verknüpft ist. Hierin besteht der ästhetische Reiz und die Vergnüglichkeit der im engeren Sinne beschreibenden Naturforschung.

Dies entbehren Physiker und Chemiker. Indem sich ihr ungenügsames wissenschaftliches Interesse den allgemeinen Beschaffenheiten zuwendet, durch deren wechselndes Zusammenwirken die Gestalt besteht, gelangen sie dazu, das Gestaltete in seine Elemente aufzulösen, und dringen so zum Chaos vor.

Dies ist ein Geschäft der Zerstörung und verlangt eine eigene Abhärtung und Fühllosigkeit vor der Natur. Das Treiben des Physikers und Chemikers grenzt daran, gegen den guten Geschmack zu gehen, und es rief den

Tadel Goethes hervor. Die künstliche Natur, die Antiphysis, dieser Chaotiker war ihm zuwider. Er wollte nicht im finsteren Raum durch enge Spalten sehen und die Destillate von einem Brautgemach ins andere quälen.

Der Widerwille Goethes besteht vollkommen zu Recht; und wenn es unter Chemikern und Physikern sensible Menschen gibt, so werden sie mit Goethe auch in diesem Punkte übereinstimmen. Man wird darauf nur antworten, dafs unsere Arbeit trotzdem getan werden mufs, und die Gründe anführen, welche sie notwendig machen.

Indem ich es unternehme, Ihnen, meine Herren, die Umrisse einer chemischen Kosmographie zu entwerfen, will ich versuchen, Ihnen einen Teil des Gewinnes vorzuführen, der für die menschliche Auffassung vom kosmischen Walten aus unserer mühseligen Beschäftigung mit dem Chaos zu ziehen ist.

Unser Thema zerfällt ganz von selbst in drei Teile: zuerst betrachten wir die Chemie der Sterne, sodann die chemischen Umwälzungen der Erdrinde, von denen die Geologie Zeugnis ablegt, und schliefslich wenden wir uns zu dem verwickelten Kreislauf, der einige wenige Grundstoffe durch die belebte Natur hindurchführt.

Bis zum Jahre 1860 wäre der Versuch, etwas über die chemische Beschaffenheit der Sonne in Erfahrung zu bringen, absurd erschienen. Dies aber wurde mit einem Male eine wissenschaftliche Aufgabe, als Kirchhoff und Bunsen den wichtigen Zusammenhang zwischen den Fraunhoferschen Linien des Sonnenspektrums und dem Vorkommen und Zustande bestimmter Stoffe auf der Sonne entdeckten.

Die elementaren Gase oder Dämpfe verhalten sich gegen die Absorption und Emission von Licht charakteristisch. Sie absorbieren nur vereinzelte Wellenlängen und senden leuchtend auch nur vereinzelte Wellenlängen aus. Und zwar erkannte Kirchhoff, daſs ein gegebenes Gas nur diejenigen Strahlen verschluckt, die es auch aussendet, ferner, daſs bei bestimmter Temperatur die Emission der Absorption proportional ist, endlich, daſs der Proportionalitätsfaktor für alle Stoffe derselbe ist.

Heiſst E das Emissionsvermögen eines Stoffes, A sein Absorptionsvermögen und e das Emissionsvermögen des schwarzen Körpers, eines Körpers nämlich, der alle Strahlen absorbiert, so lautet der Kirchhoffsche Satz $\frac{E}{A} = e.$[1]) A ist im allgemeinen ein echter Bruch; nur für den schwarzen Körper wird $A = 1$, weil der Wert von A aus dem Vergleich der Absorption eines gegebenen Körpers mit derjenigen des schwarzen

[1]) Fällt auf einen beliebigen Körper die Lichtmenge 1, so wird im allgemeinen ein Teil verschluckt: A, ein Teil durchgelassen: D, und ein Teil reflektiert: R. Es ist dann

$$1 = A + D + R \text{ und } \frac{E}{1 - D - R} = e.$$

Körpers gebildet wird. Ist $A = 1$, so wird $E = e$. Der Kirchhoffsche Satz ist eine Folgerung aus dem Prinzip von Carnot-Clausius, wonach Wärme nicht von selbst auf höhere Temperatur ansteigen kann.

Die Anwendung des Strahlungssatzes ist nun die folgende: ein Dampf, z. B. Natriumdampf, ist nur undurchsichtig für die gelben Strahlen, die er selbst aussendet, und zwar um so undurchsichtiger, je intensiver er seine eigenen gelben Strahlen aussendet, welch letzteres ja mit der Temperatur zunimmt. Geht nun das Licht einer Lichtquelle mit kontinuierlichem Spektrum, z. B. das eines elektrischen Lichtbogens, durch eine genügend lange Röhre, in der sich bis zum Leuchten erhitzter Natriumdampf befindet, so werden die gelben Strahlen von der Wellenlänge 589 $\mu\mu$ durch das Natrium fort und fort und bei sehr grofser Länge der Röhre schliefslich vollständig absorbiert, während die anderen Strahlen unabsorbiert durchgehen. Es hängt nun von der Temperatur des Dampfes ab, ob seine eigene gelbe Strahlung stärker, gleich oder schwächer ist als die entsprechende der Lichtquelle. Ist die Temperatur des Dampfes niedriger als die der letzteren, so ist die Intensität des von ihm ausgestrahlten gelben Lichtes wesentlich geringer, als diejenige der Lichtquelle vor der Absorption war. In einem Spektrum des aus der Röhre austretenden Lichtes werden wir daher an der Stelle der Wellenlänge 589 $\mu\mu$ eine zwar nicht schwarze, aber gegen die Umgebung doch recht dunkle Linie sehen. Löschen wir unsere Lichtquelle nun aus, dann sieht man im Spektroskop das Natriumlicht als Linie an derselben Stelle wie vorher, aber hell auf dem nunmehr schwarzen Grunde.

Mit dieser Einsicht war ein Mittel an die Hand gegeben, aus den Fraunhoferschen Linien, deren wichtigste nebenstehend (Fig. 1) abgebildet sind, die chemische Zusammensetzung der Sonnenatmosphäre herauszulesen. Man brauchte bloſs die Spektra der leuchtenden Dämpfe der irdischen Stoffe aufzuzeichnen und die Koinzidenzen mit den Fraunhoferschen Linien festzustellen. Der Durchführung dieser, übrigens groſsen und mühseligen, Arbeit hatte aber noch eine Feststellung darüber vorherzugehen, daſs die Spektren der elementaren leuchtenden Dämpfe, also ihre Farbe, in weiten Grenzen von der Temperatur unabhängig sind. Kirchhoff und Bunsen haben den Nachweis dieser Unabhängigkeit für eine Reihe von Stoffen erbracht, indem sie z. B. Natrium in verschieden heiſsen Flammen[1]), dann im elektrischen Lichtbogen, schlieſslich im elektrischen Funken verdampften und feststellten, daſs die gelbe Emissionslinie des Natriums ihren Platz dabei nicht ändert. Nur treten in der höheren Temperatur des Lichtbogens und des Funkens

---

[1]) Nämlich des Schwefels, der Schwefelkohlenstoffe, des wasserhaltigen Alkohols, des Bunsenbrenners, des Kohlenoxydes, des Wasserstoffes und des Knallgasgebläses.

Spektrum der Sonne.

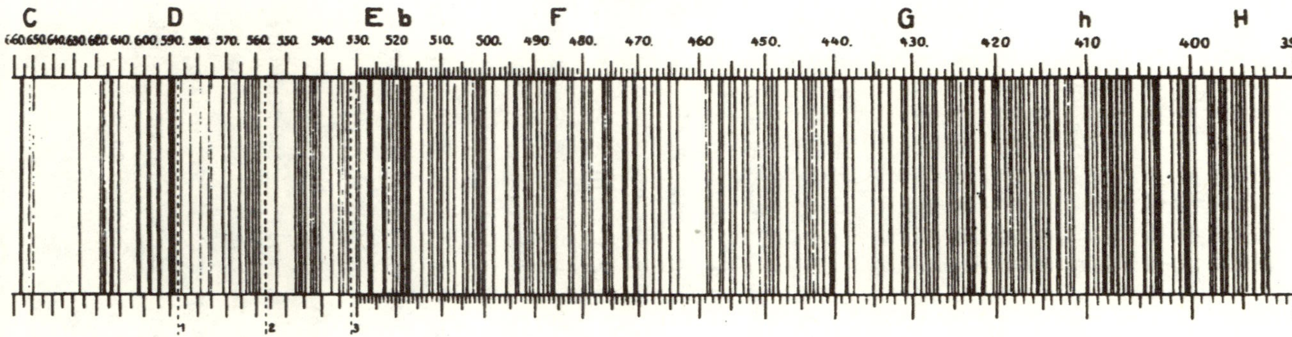

Fig. 1.

C = Wasserstoff
D = Natrium
E = Eisen
b = Magnesium

F = Wasserstoff
G = Eisen
h = Wasserstoff
H = Calcium

1 = Stelle der Heliumlinie
2 = „ „ Nordlichtlinie
3 = „ „ Coroniumlinie

noch Linien hinzu, die in den kühleren Flammen wegen zu grofser Lichtschwäche nicht gesehen werden. Ich füge gleich hinzu, dafs diese Unabhängigkeit, welche für die Spektralanalyse grundlegend ist, indem sie dieselbe eigentlich erst ermöglicht, keine absolute ist. Das Spektrum kann sich auch mit der Temperatur verändern. Aufserdem hat dasselbe Element oft mehrere Spektra, die im allgemeinen mit Änderungen seiner Molekulargröfse zusammenhängen. Dazu kommen dann noch irreguläre Spektren, die gar nicht durch Temperaturstrahlung hervorgebracht sind, sondern durch Umwandlung elektrischer Energie (z. B. elektrischer Wellen) oder chemischer Energie in Strahlung. Für diese Strahlung (Lumineszenz nach Wiedemann) gilt das Kirchhoffsche Gesetz nicht. Ein Beispiel für den Umschlag des Spektrums bei Änderung des Moleküls liefert das Jod, indem sein Emissionsspektrum wechselt in dem Temperaturgebiete, wo die Dissoziation der Moleküle J_2 in Moleküle J beträchtlich wird.[1]) Das Absorptionsspektrum des kühlen Joddampfes entspricht dem ersten Emissionsspektrum und ist daher den Molekülen J_2 zuzuschreiben. Noch komplizierter liegen die Verhältnisse beim Sauerstoff, wo das Absorptionsspektrum des kalten Sauerstoffs, das im Spektrum der Luft vorkommt und dem die Fraunhoferschen Liniengruppen A, B, α zugehören, verschieden ist von seinen drei Emissionsspektren. Ob

[1]) Konen, Wied. Ann. d. Phys. **65**, 257.

unter diesen das des Ozons sich befindet, ist wohl noch nicht festgestellt.

Ohne nun weiter auf die Methodik der Herstellung leuchtender Dämpfe, die Aufzeichnung und Ausmessung ihrer Spektren und die Vergleichung derselben mit dem Spektrum der Sonne einzugehen, Arbeiten, die einen grofsen Aufwand von Apparaten, Geschick, Urteil und Sorgfalt erheischen, wenden wir uns sofort dem Ergebnis zu.

Dafs die Fraunhoferschen Linien, wenn man von denen absieht, die durch die Absorption der Atmosphäre der Erde hervorgerufen werden und die von den anderen leicht zu trennen sind, wirklich durch leuchtende Dämpfe der Sonnenatmosphäre herrühren, das steht fest. Abgesehen von anderen Gründen kann man sich davon sogar durch den Augenschein überzeugen, wenn man bei einer totalen Sonnenfinsternis den Rand der Sonne im Augenblick des Eintritts der Totalität mit dem Spektroskop betrachtet. Man sieht dann die bis dahin dunklen Linien plötzlich sich »umkehren«, d. h. im verdunkelten Gesichtsfeld hell aufblitzen.

Folgende Elemente sind es, deren Dämpfe bis jetzt in der umkehrenden Schicht der Sonnenatmosphäre nachgewiesen wurden:

Wasserstoff, Helium, Natrium, Calcium, Strontium, Baryum, Magnesium, Aluminium, Cer, Kadmium, Zink, Kupfer, Silber, Silicium, Titan, Zinn, Mangan, Chrom,

Molybdän, Uran, Vanadin, Eisen, Kobalt, Nickel; vielleicht auch Kalium, Blei, Platinmetalle; nicht dagegen Quecksilber, Gold, Antimon. Von den Metalloiden fehlen Schwefel, Phosphor und die Halogene. Sauerstoff, der lange zweifelhaft war, konnte schliefslich identifiziert werden und Kohle und Stickstoff liegen in den Cyanbanden vor.[1])

Man sieht, dafs auf der Sonne ein grofser Teil der irdischen Elemente nachgewiesen ist, wie dies nach der Hypothese von Kant-Laplace, derzufolge die Planeten kleine abgesonderte Teile des ehemaligen Sonnenballs sind, auch verlangt. Wichtig ist der Nachweis, dafs wenigstens die oben tabellierten Elemente bei der Temperatur der Sonne sicher noch bestehen.

Im übrigen ist zu dieser Tabelle zunächst zu bemerken, dafs durch sie nicht die Zusammensetzung des gesamten Sonnenkörpers dargestellt wird, sondern nur eines verhältnismäfsig schmal begrenzten Teiles seiner Atmosphäre, nämlich der sog. »umkehrenden Schicht«, deren Ort wir uns folgendermafsen vorzustellen haben. Das Spektroskop kann naturgemäfs nicht weiter vordringen, als bis zu der Schicht der Sonne, welche das kontinuierlich zusammengesetzte weifse Licht aussendet. Diese Schicht, welche in gewissem Sinne die Oberfläche der Sonne bildet, heifst

---

[1]) Kayer, Handbuch der Spektroskopie, Bd. II, 261, Fufsnote.

die Photosphäre. Kontinuierliche Spektren werden zwar auch von Gasen unter hohem Druck erzeugt, vornehmlich aber von festen und flüssigen Körpern, wenn sie glühen. Man wird daher die Photosphäre am ehesten fest, oder wegen ihres im Teleskop hervortretenden, wolkigen Aussehens von festen oder flüssigen Teilchen gebildet, sich zu denken haben. Unmittelbar über der Photosphäre lagert sich nun die umkehrende Schicht, welche die Absorptionslinien hervorbringt. Damit hat aber die Atmosphäre der Sonne ihr Ende noch nicht erreicht, vielmehr erstreckt sich darüber noch die sog. Chromosphäre. Das Spektrum dieser Schicht besteht auch aus einzelnen hellen Linien. Wir haben also wieder leuchtende Gase vor uns, aber hier hauptsächlich nur Wasserstoff und Helium, jenes Element, das zuerst auf der Sonne und dann erst auf der Erde entdeckt wurde, und in den tieferen Lagen noch Calcium, Magnesium und vereinzelt einige weitere Elemente. Über die Chromosphäre hinaus erstreckt sich dann noch die sog. Corona. Da diese ein schwaches, kontinuierliches Spektrum besitzt, welches von reflektiertem Sonnenlicht herrührt, so haben wir in der Corona eine feine Staubhülle der Sonne zu erkennen. Aufserdem aber kommen in ihrem Spektrum einige helle Linien vor, unter denen eine grüne λ 531,59 namentlich die Aufmerksamkeit erregt. Sie ist mit bekannten Spektrallinien nicht zu identifizieren, weshalb man in ihr ein Element Coronium vermutet, das wohl noch leichter sein müfste als Wasserstoff.

Was nun am Sonnenspektrum am meisten auffällt, das ist, dafs in der ganzen uns spektroskopisch zugänglichen Sonnenatmosphäre so überaus wenige Metalloide nachgewiesen werden konnten. Wenn man Schwermetalle wie Gold, Quecksilber, Platin nicht in der umkehrenden Schicht findet, so möchte man das einfach so erklären, dafs diese Metalle, ihrem höheren spezifischen Gewicht entsprechend, sich unterhalb der Photosphäre aufhalten. Für Metalloide wie Schwefel, Phosphor und die Halogene besteht eine solche Präsumption nicht. Fehlen dieselben der Sonne wirklich? Sind sie in einfachere Stoffe, Sub- oder Protoelemente zerfallen? Oder können sie spektroskopisch blofs nicht identifiziert werden? Das letztere ist sehr möglich. Denn es gibt eine sehr grofse Anzahl Fraunhoferscher Linien, welche man nicht auf die im Lichtbogen oder Funken studierte Emission bekannter Grundstoffe zurückführen kann. Nun mufs man wohl berücksichtigen, dafs es von demselben Grundstoff mehrere Spektra gibt, welche seinen verschiedenen allotropen Zuständen entsprechen. In der Sonne mögen viele Elemente in allotropen Formen vorkommen, die wir auf Erden nicht kennen, da man die Temperatur der Sonne nicht herstellen kann, und deren Spektra folglich ebenfalls unbekannt sind. Aufserdem sind die bis jetzt bekannten Spektra der Metalloide, die hauptsächlich im elektrischen Funken untersucht wurden, vielleicht gar nicht ausschliefslich die Wirkungen der erzeugten Wärme. Vielmehr lagert sich über die reguläre Wärmestrahlung möglicherweise eine Lumineszenz, hervorgerufen durch unmittelbare Verwandlung von elektrischer Energie in strahlende.

Dann kommt noch eine Möglichkeit hinzu, die früher gar nicht in Betracht gezogen wurde. Die fehlenden Elemente könnten auch in Verbindungen auf der Sonne vorkommen, Verbindungen, deren Spektren noch nicht beobachtet werden konnten, beziehungsweise nicht so zu beobachten sind, wie sie unter den Temperatur- und Druckbedingungen der Sonne aussehen.

Man glaubte früher, dafs mit zunehmender Temperatur die chemischen Verbindungen zunehmend zerfielen. Heute dagegen weifs man, dafs Verwandtschaftskräfte durch Wärme ebensogut überwunden als hervorgerufen werden können. Der Zerfall gilt nur für die exothermen Verbindungen, während die endothermen gerade umgekehrt bei hoher Temperatur sich bilden. Die heutige Chemie ist noch hauptsächlich eine Chemie der exothermen Verbindungen, da diese bei den mäfsigen Temperaturen, welche uns ohne grofse Zurüstungen zu Gebote stehen, hauptsächlich beständig sind. Je mehr wir aber Herrschaft gewinnen über die Herstellung extrem hoher Temperaturen, desto mehr werden sich unsere Kenntnisse bezüglich der endothermen Verbindungen bereichern.

Der genaue Zusammenhang zwischen dem Sinne eines chemischen Vorganges und der Wärmetönung wird durch die Formel dargestellt

$$\frac{d \ln K}{d T} = - \frac{q}{R T^2}.$$

Hierbei bedeutet q die Wärmetönung, T die absolute Temperatur, R die Gaskonstante, welche den Wert 1,99 cal. hat, und K die Gleichgewichtskonstante der Reaktion, nämlich den Zahlenwert des Produktes der eventuell potenzierten Konzentrationen der beteiligten Stoffe, wenn Gleichgewicht eingetreten ist. Z. B. in dem Gleichgewicht $2\,HJ \rightleftarrows H_2 + J_2$ ist K gegeben durch $C_{J_2} \times C_{H_2} \times C_{JH}^{-2}$, wo die indizierten C Konzentrationen bedeuten. Die Formel für den Temperatureinfluſs besagt nun, daſs die Änderung der Zahl K mit der Temperatur dann positiv ist, wenn die Wärmetönung negativ ist (und umgekehrt). Das heiſst, mit steigender Temperatur verschiebt sich das Gleichgewicht in der Richtung der wärmeverschluckenden Reaktion (Van t'Hoff.)

Schöne Beispiele der Bildung endothermer Verbindungen in hoher Temperatur sind die von Berthelot ausgeführten Synthesen des Cyans und des Acetylens im elektrischen Lichtbogen, indem er diesen in einer Atmosphäre von Stickstoff, bezw. Wasserstoff brennen lieſs. In der Tat sind die Absorptionsbanden des Cyans im Sonnenspektrum nachgewiesen worden, und auch das Acetylen wollte Abney darin erkennen, was aber noch der Bestätigung bedarf.

Hierher gehört auch das Stickoxyd, das sich aus seinen Elementen unter Absorption von 21,5 Cal. bildet. Es ist bei gewöhnlicher Temperatur und auch bei Rotglut ein unbeständiger Körper, wie das Ozon, das Cyan und Acetylen. Das Stickoxyd kann daher auch durch Knallquecksilber zur Explosion und zum Zerfall in seine Bestandteile gebracht werden. Dagegen bildet es sich bei der hohen Temperatur des elektrischen Funkens sowie in dem langen Lichtbogen, der mit hochgespannnten Wechselströmen erzeugt wird. In einem solchen verbrennt die Luft zu Stickoxyd, bezw. einem Gemenge von diesem mit Stickstoffdioxyd. Dafs diese Flamme sich nicht verbreitet und die Luft in ein Meer von Salpetersäure verwandelt, liegt eben daran, dafs diese Verbrennung unter Wärmeverbrauch verläuft, so dafs zu ihrem Fortschreiten eine äufsere Wärmequelle nötig wird, die im fraglichen Experiment durch den elektrischen Strom gegeben ist.

Gewifs bestehen bei sehr hohen Temperaturen noch eine gröfsere Zahl endothermer Verbindungen, die wir noch gar nicht kennen, da ihre Herstellung bei niederer Temperatur davon abhängig ist, dafs sie mit der Bildung anderer Stoffe so gekoppelt werden können, dafs die ganze Reaktion einen Abfall an freier Energie, also im allgemeinen eine Wärmeentwickelung ergibt. So erhält man z. B. aus Salmiak und Chlor Chlorstickstoff und Salzsäure unter Wärmeentwickelung nach der Gleichung:

$$NH_4\,Cl,\,aq. + 3\,Cl_2 = NCl_3 + 4\,HCl,\,aq. + 22\,Cal.$$
$$+\,72\,Cal. \qquad\qquad -\,42\,Cal. \qquad + 4 \times 34\,Cal.$$

Der für die Bildung von Chlorstickstoff nötige Energieaufwand wird hier durch die damit verkoppelte Bildung von Salzsäure geliefert. Die Aufsuchung derartiger Koppelungen ist eine wesentliche Aufgabe der präparativen Chemie, und die Kenntnis der endothermen Verbindungen hängt offenbar davon ab, dafs solche Koppelungen gefunden werden oder sich finden lassen. Daher haben wir bis heute keine systematische Kenntnis der endothermen Verbindungen, und mufs man mit der Möglichkeit rechnen, dafs auf der Sonne solche vorkommen, deren Kenntnis sich uns noch entzieht.

Man legt sich nun hier natürlich die Frage vor, wie hoch die Temperatur der Sonne sei, oder wie weit dieselbe von den höchsten uns zugänglichen Temperaturen entfernt sei, um danach den Abstand zu schätzen, der die Chemie der Sonne von derjenigen der extremsten, experimentell zugänglichen Temperatur noch trennen möchte.

Zweite Vorlesung.

Das Problem, die Temperatur der Sonne zu bestimmen, ist ein ebenso kühnes, wie dasjenige, ihre chemische Zusammensetzung zu ergründen, und es ist als ein hoher Triumph der Wissenschaft zu feiern, dafs seine Lösung nun endlich gelungen ist. Es ist dies ein ganz neuerliches Ergebnis, dem eine lange Reihe mifsglückter Ansätze voranging.

Man vermag jetzt auf die Temperatur der Sonne aus der Intensität ihrer Strahlung zu schliefsen. Es haben sich verschiedene Gesetze auffinden lassen, welche die Energie der Strahlung eines Körpers und die Energieverteilung im Spektrum desselben in Beziehung setzen zu seiner Temperatur. Zunächst gelten für den schwarzen Körper, d. h. für einen Körper, der alle auf ihn fallenden Strahlen absorbiert und nichts davon durchläfst oder zurückwirft, folgende Gesetze: 1. Seine Gesamtstrahlung ist proportional der vierten Potenz der absoluten Temperatur (Stefansches Gesetz). 2. Die Energiekurve seiner Strahlung hat eine bergförmige Gestalt, und mit steigender Temperatur wächst die Energie aller Wellenlängen, aber diejenige der kürzeren schneller, so dafs der Gipfel der Kurve, also das Intensitätsmaximum der Strahlung, sich nach der Seite der kürzeren Wellenlängen verschiebt. 3. Heifst die Wellenlänge intensivster Strahlung λ_{max} und deren Intensität J_{max}, so gilt:

$$\lambda_{max}\, T = \text{Konst.}$$

und

$$J_{max} = \text{Konst. } T^5$$

(T ist die absolute Temperatur).

Um die experimentelle Begründung dieser wichtigen Gesetze machte sich namentlich Paschen verdient, während Wien und Boltzmann sie thermodynamisch abzuleiten lehrten unter Berücksichtigung des Druckes, den ein strahlender Raum auf seine Wandungen ausübt, des sog. Lichtdruckes. Ich möchte, obwohl es unseren engeren Zweck nicht weiter angeht, noch hinzufügen, dafs es Plank sogar gelungen ist, die Gestalt der bergförmigen Strahlungskurve, zusammen mit ihrer Änderung bei steigender Temperatur, in eine einzige Formel zusammenzufassen, welche mit den experimentellen Ergebnissen sehr nahe übereinstimmt. Die Formel lautet:

$$J = \frac{C\lambda^{-5}}{e^{\frac{c}{\lambda T}} - 1}.$$

Die Formel gestattet, für jede absolute Temperatur T die Intensität J aller Wellenlängen λ, die der schwarze Körper aussendet, zu berechnen. C und c

sind empirisch zu bestimmende Konstanten, *e* ist die Zahl 2,718. Die nebenstehende Figur 2 gibt eine Vorstellung von der Gestalt der durch obige Formel repräsentierten Schar von Strahlungskurven.

Die experimentelle Aufnahme dieser Kurven geschieht mit dem Bolometer, einem Instrument, mit dem man die Erwärmung eines berufsten Platindrahtes mifst, den man durch das Spektrum des strahlenden Körpers hindurchwandern läfst. Zur Herstellung des schwarzen Körpers bedient man sich eines rings umschlossenen Hohlraumes mit kleiner Öffnung, aus der die Strahlung des von aufsen erhitzten Hohlraumes austritt.

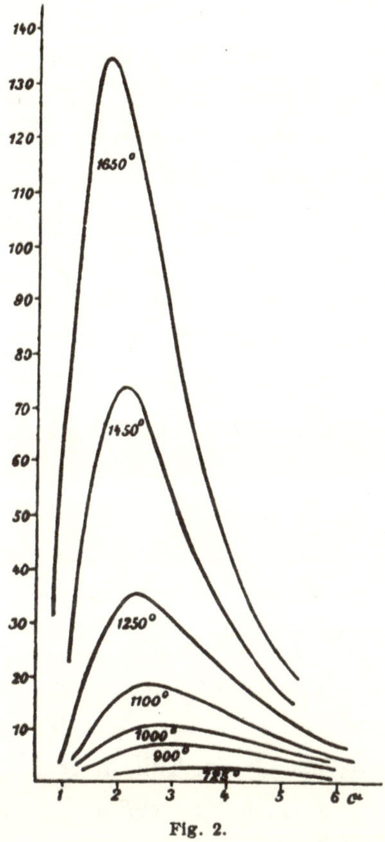

Fig. 2.

Für nicht schwarze Körper treten an den obigen Gesetzen Änderungen dahingehend ein, dafs die Gesamtstrahlung etwas schneller als die 4. Potenz der

Temperatur wächst, und die Strahlung der maximalen Intensität etwas schneller als die 5. Potenz der Temperatur.

Um nun die Temperatur einer Lichtquelle zu berechnen, wendet man am einfachsten die Beziehung $\lambda_{max}\ T = \text{Konst.}$ an. Für den schwarzen Körper hat die Konstante nach Lummer und Pringsheim den Wert 2940. Und aus der bolometrischen Aufnahme der Strahlungskurve der Sonne nach Langley findet man das Maximum der Strahlung zwischen den Fraunhoferschen Linien *D* und *E*, also im Gelbgrün, bei einer Wellenlänge von 0,5 μ.

Dann folgt die Temperatur der Sonne zu 5880° abs. Ebenso findet man für die folgenden Lichtquellen die bezüglichen Temperaturen:

	λ_{max}	T^0 abs.	t^0 C.
Bogenlampe, positiver Krater .	0,7	4200	3923
Glühlampe (normal brennend) . .	1,4	2100	1823
Argandlampe	1,55	1900	1623.

Das Energiemaximum dieser Lichtquellen liegt nach dem Ausweis der Tabelle im Ultrarot, so dafs nur ein kleiner Teil ihrer ausgestrahlten Energie sichtbares Licht ist, womit die geringe Ökonomie unserer Beleuchtungskörper zusammenhängt. Die Temperatur der Bogenlampe, die zwar einigermafsen mit der Stromstärke schwankt, hat chemisch offenbar die Bedeutung derjenigen Temperatur, wo die Kohle lebhaft verdampft, ihre Dampfspannung also nicht mehr viel unterhalb einer Atmosphäre liegt.

Die Angaben der Temperatur der Sonne, sowie die der künstlichen Lichtquellen der Tabelle, deren leuchtende Teile aus Kohle bestehen, gelten für den Fall, dafs dieselben schwarze Körper sind. Für die Kohle trifft dies erfahrungsgemäfs nahe zu, ob auch für die Sonne, bleibt freilich dahingestellt; doch wird es dadurch wahrscheinlich gemacht, dafs für hohe Temperaturen die Strahlung aller Körper sich der des schwarzen Körpers annähert.

Das Ergebnis ist also, dafs die effektive Temperatur der Sonne höchst wahrscheinlich gar keine unfafslich hohe ist, so dafs man die chemischen Erfahrungen, die man im Lichtbogen und in den, wohl noch heifseren, starken Induktionsfunken macht, mit einiger Annäherung auf die Chemie der Sonne übertragen kann.

Wir wollen nun versuchen, uns noch über die Formart (den »Aggregatzustand«) der Stoffe der Sonne zu orientieren. Man weifs, dafs das spez. Gewicht der Sonne nur 1,5 beträgt. Der Grad der Verdichtung der Sonnenmaterie ist also ein sehr geringer. Dies in Verbindung mit der hohen Temperatur macht es wahrscheinlich, dafs die Sonne ein Gasball ist. Doch legt der teleskopische Anblick der Photosphäre es nahe, diese letztere als von wolkiger Beschaffenheit anzusehen, d. h. als bestehend aus festen Partikelchen oder Tröpfchen. Unter allen irdischen Stoffen verdampft die Kohle am schwersten. Man wird also gleich an sie denken als nächstliegendes Material für die Tröpfchen oder Fäden der Photosphäre. Nun ist die Temperatur der Kondensation eines Dampfes abhängig von seinem Dampfdruck. Wasser z. B. kondensiert sich bei 0° C. unter einem Wasserdampfdruck von 4 mm Hg, bei 100° C. unter einem Druck von 760 mm Hg. Für die Kohle haben wir schon angemerkt, daſs ihr Dampfdruck bei etwa 4200° abs. in der Nähe von 1 Atm. liegt. Von da bis 5900° ist noch ein weites Intervall. Um Kondensation ihres Dampfes bei dieser Temperatur zu bewirken, wäre also ein auſserordentlich hoher Kohlendampfdruck nötig. Man darf wohl annehmen, daſs die Kohle sich unter diesem hohen Druck flüssig kondensieren würde, im Gegensatz zu ihrem Verhalten bei niederen Drucken, wo sie bekanntlich, ohne zu schmelzen, verdampft. Man sieht sich nun vor dem Dilemma, entweder in der verhältnismäſsig oberflächlichen Gegend der Photosphäre eine ungeheure Kohlendampftension anzunehmen oder zu denken, daſs die Tröpfchen der Photosphärenwolken aus einer uns unbekannten Substanz bestehen, die noch höher siedet als Kohle. Indessen gibt es eine Möglichkeit, die gestattete, mit wesentlich geringeren Tensionen des Kohlendampfes auszukommen. Es ist bekannt, daſs viele Gase, z. B. Salzsäure, an der Luft rauchen. Dies beruht darauf, dafs sie mit dem Wasserdampf der Luft eine Lösung bilden, die sich in Tröpfchenform in der Luft verbreitet. Es kommt dies daher, dafs die Maximaltensionen der Salzsäure und des Wassers über einer wässerigen Lösung von Salzsäure bedeutend kleiner sind als die Maximaltensionen der Salzsäure und des Wassers für sich allein bei derselben Temperatur. So könnte nun auch die Kohle mit anderen Stoffen Lösungen bilden, und dadurch würde ihr Kondensationspunkt bei gegebener Dampfspannung auf höhere Temperatur rücken.

Was den Zustand der Stoffe im Kern der Sonne betrifft, so wird man sagen müssen, dafs sie dort wegen der alle Begriffe übersteigenden Werte des Druckes und der Temperatur wohl alle im überkritischen Gebiete sich befinden, also in einem Zustand, in dem der Unterschied zwischen flüssig und gasförmig aufhört. Das überkritische Gebiet eines Stoffes ist dadurch charakterisiert, dafs man von ihm aus ohne Auftreten eines Flüssigkeitsmeniskus durch Aufhebung des Druckes bei festgehaltener Temperatur zu einem Gas, durch Abkühlen bei festgehaltenem Volum dagegen zu einer Flüssigkeit gelangt.

Dritte Vorlesung.

Wir verlassen nun die Sonne und wenden unser Spektroskop auf die Sterne, um zu sehen, ob diese auch dieselbe chemische Zusammensetzung haben wie der Erdkörper. Dies ist wirklich der Fall. Und da die chemische Zusammensetzung mafsgebend ist für die Gestaltungen, welche die Weltkörper in ihrer Naturgeschichte durchlaufen, so dürfen wir annehmen, dafs allenthalben im Weltraum unter geeigneten Bestrahlungsverhältnissen Planeten kreisen mögen, deren Antlitz mit dem der Erde im wesentlichen übereinstimmt.

Die genauere Betrachtung lehrt, dafs es namentlich die gelben Sterne sind, wie Capella, Arcturus, Pollux etc., deren Spektra mit dem der Sonne die gröfste Ähnlichkeit besitzen und deren chemischer und physikalischer Zustand ihr demgemäfs sehr ähnlich sein mufs. Die weifsen Sterne, wie Sirius und Wega, und die roten, wie α-Arionis und α-Herculis weichen dagegen nach zwei Seiten hin von dem Sonnenspektrum ab. Die ersteren zeigen in ihrem Spektrum vorwiegend die vier Linien des Wasserstoffs, daneben noch untergeordnet He, Na, Mg, Ca, Fe. Die Wasserstofflinien sind sehr breit, was nach spektroskopischen Erfahrungen darauf hindeutet, dafs die Dicke der Wasserstoffatmosphäre eine sehr mächtige sein mufs. Einige der weifsen Sterne, z. B. γ-Cassiopecae, geben eigentümlicherweise das helle Wasserstoffspektrum, so dafs es den Anschein hat, als strahle deren Atmosphäre mehr als der Kern dieser Sterne. Das Licht der weifsen Sterne, welches starke blaue und violette Strahlen enthält, läfst natürlich auf eine höhere Temperatur als die der Sonne schliefsen, und damit steht die Einfachheit der Absorptionslinien auch im Einklang. Denn auch die Sonne würde fast blofs die Wasserstofflinien liefern, wenn die umkehrende Schicht ihrer Atmosphäre heifser wäre. Absorption würde dann nämlich erst in den höheren Schichten der Chromosphäre eintreten, welche, wie wir erwähnten, hauptsächlich aus Wasserstoff und Helium besteht.

Den gegenteiligen Anblick bietet das Spektrum der roten Sterne. Ihre Metallabsorptionslinien sind noch zahlreicher und kräftiger als im Sonnenspektrum. Sie sehen ähnlich aus wie die der Sonnenflecken. Aufserdem bemerkt man bei einigen der roten Sterne, z. B. bei α-Herculis, ein ausgesprochenes Bandenspektrum, wie solche für chemische Verbindungen charakteristisch sind. Unter einem Bandenspektrum versteht man Spektren von feinen Linien, die gruppenweise dicht zusammentehen, so dafs die Gruppen bei schwächerer Dispersion als Absorptionsbänder erscheinen. Meist sind dieselben nach einer Seite hin abgeschattet, indem die Dichte der feinen Linien nach dieser Seite der Bande hin geringer wird. Die Banden machen dadurch den Eindruck einer Kanellierung. Solche Spektren geben die leuchtenden Dämpfe von chemischen Verbindungen stets; bei Elementen sind sie nur dann beobachtet worden, wenn deren Dämpfe nicht einatomig sind.

Das Bandenspektrum der roten Sterne scheint nun mit dem Emissionsspektrum der Kohlenwasserstoffe identisch zu sein, wie dasselbe in dem inneren Kegel der Bunsenflamme sich darbietet oder beim Überschlagen des elektrischen Funkens auf fette Öle erzeugt wird und das als Swansches Kohlenstoffspektrum bekannt ist.[1])

Offenbar stellen diese roten Sterne das letzte Stadium im Leben eines Sternes vor dessen Erlöschen dar. Ihr rotes Licht zeigt an, daſs das Energiemaximum ihrer Strahlung schon beträchtlich mehr nach dem roten Ende des Spektrums verschoben ist

[1]) Die Hauptlinien der Banden sind folgende:

1. Gruppe. Orange	2. Gruppe. Gelb	3. Gruppe. Grün	4. Gruppe. Blau	5. Gruppe. Violett
618,73	563,30	516,40	473,60	431,10
611,90	558,30	512,80	471,40	
605,63	553,80	509,95	469,70	
600,08	550,00		468,20	
595,35	546,60			

als im Licht der Sonne. Dementsprechend ist die Temperatur jener niedriger anzusetzen. Wir lernen daraus, dafs die Kohlenwasserstoffe, speziell das Methan, einem relativ frühen Stadium in der Entwickelungsgeschichte der chemischen Verbindungen angehören. Das Methan besteht früher als die Oxyde des Kohlenstoffs. Dies entspricht den thermochemischen Eigenschaften dieser Verbindungen. Die Bildungswärme des Methans beträgt 17,3 Cal., diejenige des Kohlenoxyds 26,3 Cal., so dafs die Reaktion

$$CH_4 + O = CO + 4H,$$

welche in einem Temperaturgebiet gilt, wo die Dissoziation des Wassers und der Kohlensäure annährend vollständig sind, noch mit 9,0 Cal. exotherm ist.[1]) Wir schliefsen daher, dafs sie sich nach links verschiebt bei hoher Temperatur, und finden, dafs es ein Gebiet gibt, wo der Wasserstoff den Sauerstoff im Kohlenoxyd verdrängt. Bei weiterer Abkühlung eines Sternes wird die Reaktion sich zunehmend nach rechts verschieben und durch die damit verbundene Wärmeentwickelung den Fortschritt der Abkühlung verlangsamen.

Diese Bemerkung gilt ganz allgemein. Jedes System von Stoffen, das im chemischen Gleichgewicht

---

[1]) Dieser Wert gilt für die Wärmetönung bei gewöhnlicher Temperatur. Bei hohen Temperaturen über 3000° C ist derselbe beträchtlich gröfser, da die Wärmekapazität von $2CH_4 + O_2$ mit steigender Temperatur stärker wächst als die von $2CO + 4H_2$.

steht und nun einer Abkühlung unterworfen wird, vermag das Tempo derselben dadurch zu verlangsamen, daſs es aus eigener Energie Wärme produziert, indem eben das Gleichgewicht sich nach der Seite der wärmeliefernden Prozesse verschiebt. So verfallen Kohlenoxyd und Wasserstoff in weiteren Stadien der Abkühlung der Oxydation zu Kohlensäure und Wasser, Vorgänge, die zum groſsen Teil ihr Ende gefunden haben, wenn die Temperatur eines Weltkörpers auf etwa 2000° C. herabgesunken ist. Ein Stern dieser Temperatur ist dem Erlöschen nahe. Er ist schon so lichtschwach, daſs er den Fernröhren der Astronomen entgeht.

Kehren wir zum Methan zurück. Es erwies sich uns als eine der frühesten exothermen Verbindungen. Später verschwindet es durch Verbrennung; dann aber tritt es bei sehr vorgeschrittener Abkühlung eines Weltkörpers von neuem auf durch eine hochbedeutsame Art retrograder Entwickelung der chemischen Verbindungen, welche durch die Tätigkeit der Organismen bedingt ist.

Im Himmelsraum tritt uns, auſser auf den roten Sternen, das Methan oder seine nächsten Verwandten noch an anderer Stelle entgegen. Es ist nämlich wahrscheinlich in dem leuchtenden Schweif der Kometen enthalten, wie der Vergleich der vier Spektren Fig. 3 lehrt. Neben dem leuchtenden Kohlenwasserstoff besteht die Materie der Kometenschweife aus Staub, wie daran erkenntlich, dafs nach spektroskopischer Untersuchung das Licht der Kometen-

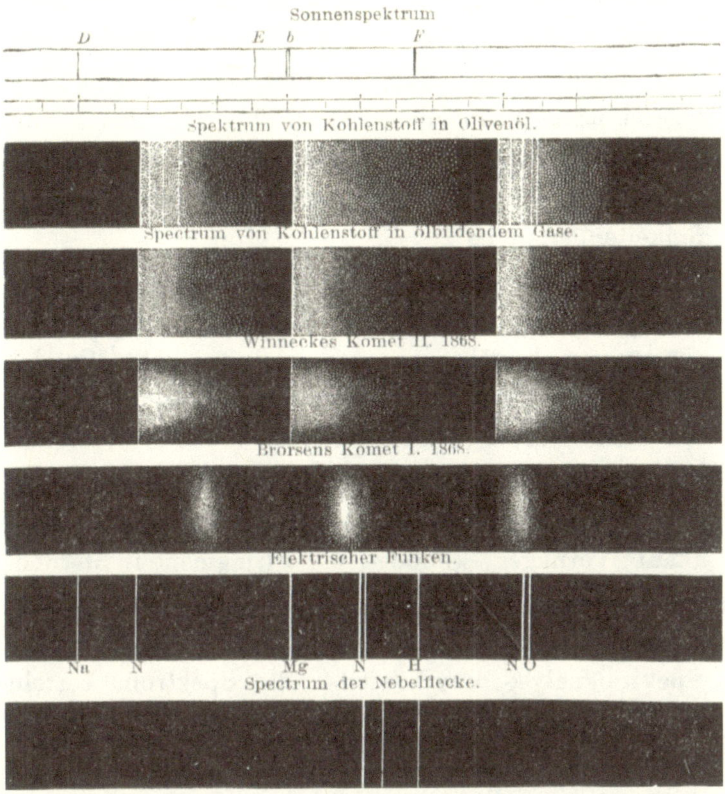

Fig. 3. Spectra der Kometen von Brorsen und Winnecke, verglichen mit den Spectren der Sonne, des Kohlenwasserstoffes und der Nebelflecke.

schweife aufser Kohlenwasserstoffbanden reflektiertes Sonnenlicht enthält. Die Kometenschweife entwickeln sich bekanntlich erst, wenn der Komet der Sonne nahe kommt und durch die intensive Bestrahlung sozusagen ins Sieden gerät. Die Schweife, deren Materie ungeheuer zerstreut und verdünnt ist, wachsen stets in von der Sonne abgewandter Richtung. Neuerdings wird angenommen, daſs die Stäubchen, welche ihre Grundmasse ausmachen, durch den Lichtdruck von der Sonne weggetrieben werden, wobei sie Geschwindigkeiten bis zur Gröſsenordnung der Lichtgeschwindigkeiten erlangen.

Da nach der Ansicht der Astronomen eine nahe Beziehung zwischen den Kometen und Meteorschwärmen besteht, so wird es uns nicht Wunder nehmen, daſs wir das Methan wieder antreffen, wenn wir diese Körper betrachten werden.

Hochverdünnte, leuchtende Gasmassen, wie sie in den Kometenschweifen, vermischt mit kosmischem Staub, vorliegen, kommen am Firmament in Sternenfernen noch vielfach vor. Sie bilden die sog. unauflösbaren Nebel, deren Gasnatur uns eben durch die Spektralanalyse kund wird. Ihr Spektrum besteht meist aus drei Linien, von denen eine λ 486,1 mit H_β, die andere λ 500,3 mit einer Stickstofflinie zusammenfällt, während die dritte λ 495,8 unter den irdischen Stoffen unbekannt ist. Daſs man die rote Wasserstofflinie nicht sieht, hat wohl einen rein optischen Grund, denn wenn das Licht des Wasserstoffs in der Geiſslerröhe geeignet abgeschwächt wird, so verschwindet sie für das Auge, während die grünblaue infolge der größeren Empfindlichkeit des Auges noch sichtbar bleibt. Man erkennt also in den Nebeln mit Sicherheit Wasserstoff, während das Vorkommen des Stickstoffs wohl noch nicht genügend bewiesen ist.

Es ist wunderbar, wie gerade der Wasserstoff bis in die entlegensten Gebiete und undeutlichsten Gebilde und Entstehungszustände des Weltalls hinein verfolgt werden kann.

Dies hat gewifs dazu beigetragen, die alte Ansicht wieder zu beleben, dafs der Wasserstoff das Urelement sei. Dafs die chemischen Elemente weiter zerlegbar seien, ist eine Meinung, die von der Spektroskopie vielfach suggeriert wird.

Da ist vor allem die Veränderlichkeit der Spektren mit der Temperatur. Wenn man vom Bogen- zum Funkenspektrum eines Metalles übergeht, so verblassen häufig Linien, und andere, erstlich dunkle, werden hell. Die so hervorgerufenen Unterschiede können so weit gehen, dafs der Charakter des Spektrums völlig verändert wird und nur ein kleiner Bruchteil der Linien beiden gemeinsam verbleibt.

Namentlich die Metalloide zeigen sich in dieser Hinsicht veränderlich, was aber seine Erklärung leicht darin findet, dafs ihre Dämpfe, im Gegensatz zu denen der Metalle, nicht einatomig sind, und daher bei steigender Temperatur leicht molekulare Änderungen eintreten können. Indessen beobachtet man Änderungen des Spektrums auch bei Metallen. Sie sind besonders von Norman Lockyer in einem gewaltigen Induktionsapparat, der 1 m lange Funken gab, studiert worden und haben diesen Forscher zu der Überzeugung geführt, dafs die Elemente in der Tat dissoziierbar sind. Er findet[1]), dafs bei den höchsten erreichbaren Temperaturen des Funkens einige Linien der Elemente besonders verstärkt hervortreten, während die übrigen mehr und mehr verschatten, und er nimmt nun an, dafs diese »enhanced lines« den Spaltstücken der Elemente angehören. Demgemäfs spricht er von Protoeisen, Protocalcium, Protowasserstoff, Prototitan u. s. f. Lockyer vereinigte die enhanced lines zu einem gesamten Spektrum und verglich damit dasjenige verschiedener weifser Sterne. In der Tat fand er einen Stern, α-Cygni, dessen Spektrum mit jenem die auffallendste Übereinstimmung besitzt. Dieser Tatbestand ist äufserst interessant; nur fragt sich, ob die Deutung, welche Lockyer ihm gegeben hat, bindend ist. Dies ist aber jedenfalls zu verneinen, nachdem wir uns folgendes vergegenwärtigen.

Wenn wir finden, dafs Stickstofftetroxyd farblos, dagegen Stickstoffdioxyd gefärbt und durch ein bestimmtes Absorptionsspektrum charakterisiert ist, dafs dagegen Jod in Lösungen teils violett, teils braun aussieht, obwohl seine Molekulargröfse beide Male gleich ist, nämlich J_2, so werden wir feststellen, dafs

[1]) Vgl. N. Lockyer, Inorganic evolution, as studied by spektrum analysis. London. Macmillan, 1900.

eine Anderung der Molekulargröfse für eine Änderung im Spektrum zwar die hinreichende, aber nicht die notwendige Bedingung ist. Ebenso wissen wir ja aus der Chemie der Kohlenstoffverbindungen, dafs zwei Stoffe bei gleicher Zusammensetzung in ihren Eigenschaften immer verschieden sind, wenn sie verschiedene Molekulargröfsen haben, dafs sie aber auch verschieden sein können bei gleichem Molekulargewicht. Man spricht dann von Isomeren, und die Atomtheorie führt sofort die Verschiedenheit der Eigenschaften auf eine Verschiedenheit im Bau, in der Struktur des Moleküls, zurück.

In Schwefelkohlenstoff gelöstes Jod ist bei gewöhnlicher Temperatur violett, bei —80° C. dagegen braun. In Fettsäureester gelöstes Jod ist bei gewöhnlicher Temperatur braun, bei +80° dagegen violett.[1]) Es treten also sinnfällige Änderungen mit dem Jod ein, ohne dafs an seinem Molekül etwas geändert wird. Will man nun diese Änderungen[2]) und weiterhin diejenigen, welche die einatomigen glühenden Metalldämpfe bei starker Erhöhung der Temperatur erleiden,

[1]) Wird Joddampf oberhalb seiner kritischen Temperatur zusammengeprefst und abgekühlt, so dafs er kontinuierlich in geschmolzenes Jod übergeführt wird, so mufs er seine Farbe ebenfalls aus violett in braun ändern, wobei wohl auch keine Änderung des Molekulargewichtes eintritt. Zwar ist die Frage unbestimmt insofern, als der engere Begriff des Mols einen Zustand voraussetzt, in dem die Gasgesetze gültig sind.

[2]) Beim zweiatomigen Jodmolekül kann man noch seine Zuflucht zu einem geänderten Abstand der Atome nehmen.

durch Isomerie erklären, so mufs man annehmen, dafs die Atome der gegenwärtigen Chemie keineswegs einfach und unteilbar seien, sondern einen sehr komplizierten Bau besäfsen.

Derjenige also, der das spektroskopische Verhalten der Stoffe mechanisch erklären will, sieht sich zu einer sehr tiefgreifenden Erweiterung der gegenwärtigen Korpuskulartheorie gezwungen. Er mufs noch weit kleinere Elementarteilchen annehmen als die Atome der heutigen Chemie. Dies ist schon deswegen nötig, weil die Spektra der leuchtenden Gase so überaus linienreich sind. Ein Atom mufs n Elementarteilchen besitzen, um, in Erschütterung versetzt, $3n-6$ verschiedene Schwingungsweisen, also ein Spektrum von $3n-6$ hellen, voneinander unabhängigen, Linien zu geben.[1])

Dazu kommt noch, dafs die Spektrallinien eines und desselben elementaren Gases sich gegen äufsere Einflüsse gruppenweise unabhängig voneinander verhalten. Z. B. werden sie durch Druck teils nach rot, teils nach violett verschoben, durch ein magnetisches Feld zum Teil gespalten, zum Teil nicht u. s. f. All dies macht die mechanische Erklärung der Spektralerscheinungen ungemein schwierig, ja unausführbar. In der Tat hat sich die Atomtheorie denselben gegenüber bis jetzt durchaus unfruchtbar erwiesen.

[1]) E. Mach, Schlömilchs Ztschr. f. Math. u. Phys. **9**, 69 (1864).

Kehren wir jedoch zurück zu den Spektren Lockyers, die er mit seinem riesigen Induktorium erzeugt. Er schliefst aus seinen vereinfachten Spektren des Eisens, Calciums, Wasserstoffs, Magnesiums etc. auf eine Zerlegung der Elemente in noch einfachere Stoffe. Wie wir uns an dem Beispiel des Jodes klar machten, ist dieser Schlufs nicht bindend. Ein Stoff kann bei Temperaturänderung seine Eigenschaften auch ohne Dissoziation ändern. Das spektrale Verhalten der Stoffe lehrt uns eben noch feinere und kleinere Änderungen kennen, als der Chemiker sonst mit seinen groben Instrumenten erkennen kann.

Soll aber immerhin die Änderung des Spektrums eine molekulare sein, so braucht diese noch keine Dissoziation zu sein. Es könnte sich ja, wie wir schon überlegten, ebensogut um Assoziationen handeln. Dafs Sauerstoff bei sehr hohen Temperaturen, statt zu zerfallen, sich gerade umgekehrt zu Ozon polymerisiert, geht daraus mit Sicherheit hervor, dafs das letztere endotherm gegenüber Sauerstoff ist.[1]) Dergleichen allotrope Formen möchten auch bei Metalldämpfen möglich sein.

Es ist hier der Ort, allgemein die Frage ins Auge zu fassen, ob die chemischen Elemente weiter zerlegbar

---

[1]) Ebenso berechnet sich für die Dissoziation von Kohlensäure in Sauerstoff und Kohlenoxyd ein Maximum bei 4500° C. Darüber ist die Kohlensäure weniger zerfallen. Vgl. Le Chatelier, Z. phys. Chem. **2**, 782.

sind oder nicht. Jedenfalls wird man darauf nicht mit Nein antworten können, doch wird man behaupten dürfen, daſs unsere heutigen Elemente Stoffe von demselben Grade der Zusammensetzung seien; so daſs man, wie Ostwald sagt, wohl alle Elemente zerlegen könnte, sobald es nur mit einem gelänge. Die Parität der Elemente zeigt sich, auſser in ihrer Unzerlegbarkeit mit unseren Mitteln, auch in übereinstimmenden positiven Merkmalen, z. B. darin, daſs ihre Gase durch Linienspektren charakterisiert sind, während Verbindungen stets Bandenspektren geben. Anders steht es mit der Frage, ob es möglich ist, ein Element in ein anderes umzuwandeln, also z. B. Gold aus Silber zu machen, sei es direkt oder auf dem Umweg über eine Urmaterie, deren verschiedene Polymere die uns bekannten Elemente wären. Nehmen wir einmal an — was ja ausgeschlossen ist —, der Wasserstoff selber wäre diese Urmaterie, so sollte es möglich sein, daraus Sauerstoff zu machen, und es wären dann H, O und H_2O drei Polymere desselben Stoffes, so etwa, wie man Acetylen zu Benzol kondensieren kann, und dann wieder Benzol und Acetylen zu Styrol (nach Berthelot und Anschütz). Ebenso wären dann die Glieder einer Mendelejeffschen Elementengruppe, z. B. die Halogene, Polymere, so etwa, wie die Olefine Polymere des Äthylens (bezw. Methylens) sind.

Man wird hier sofort zu der Konsequenz geführt, daſs die Elemente, als Polymere, eine verschiedene gegenseitige Beständigkeit hätten, und dafs es ein beständigstes und unbeständigstes Element gäbe. Ich brauche nicht zu sagen, dafs dergleichen Erfahrungen niemals gemacht wurden, sondern immer die gegenteiligen und dafs ja gerade daraufhin der Begriff des Elementes geschaffen wurde. Da ferner die Elemente nicht nur auf der Erde, sondern auch auf der Mehrzahl der Sterne unverändert fortbestehen, so ergibt sich, dafs die Urmaterie unter allen möglichen irdischen wie stellaren Verhältnissen ihren Polymeren, den Elementen, gegenüber durchaus unbeständig ist. Sie könnte also höchstens als ungemein endothermer Stoff bei Temperaturen auftreten, die vorläufig aufserhalb jeder irdischen oder himmlischen Erfahrung stehen. Da die Urmaterie aufserdem keinen verbesserten logischen Zusammenhang in die Tatsachen der Chemie zu bringen vermag, so sieht man ein, dafs sie eine ganz müssige Rolle spielt.[1]) Wir wollen daher lieber dabei stehen bleiben, dafs die Elemente nicht hylotrop und nicht polymer sind, dafs es vielmehr auf der Welt von jedem Element eine bestimmte und unveränderliche Menge gibt. Ostwald meint sogar, dafs

[1]) Man hat zwar den Umstand, dafs die Gravitation unabhängig von der chemischen Beschaffenheit für alle Elemente die gleiche ist, dazu verwerten wollen, eine Gleichartigkeit letzter Hand unter ihnen anzunehmen. Aber dies ist nicht notwendig. Man kann ebenso gut weiter schliefsen, dafs die Ursache der Gravitation eben nicht in den Körpern, sondern etwa in Dichtestörungen eines imponderablen Mediums liege.

die Unmöglichkeit der gegenseitigen Umwandlung der Elemente aus dem Gesetz der Erhaltung der Energie zu folgern sei. Es will mir aber scheinen, daſs man dann ebenso behaupten könnte, es müsse eine unveränderliche Menge Benzol auf der Welt geben.

Wir verlassen nun die Sternenräume und wenden uns dem Erdball zu. Wie Antäus gewinnen wir dabei neue Kraft, denn nun brauchen wir nicht mehr bloſs mit den Augen Chemie zu treiben, sondern können die Materien greifen, wägen, beriechen, zerreiben, auflösen und aus einer Retorte in die andere quälen.

Vierte Vorlesung.

Über die chemische Beschaffenheit der kosmischen Körper erhalten wir nicht allein durch die Spektralanalyse Auskunft, sondern auch durch direkt aus dem Weltraume herabgesandte Boten, durch die Meteorite. Bis jetzt lehrten auch sie nur Elemente kennen, welche auch auf der Erde vorkommen; sie sind aber für uns

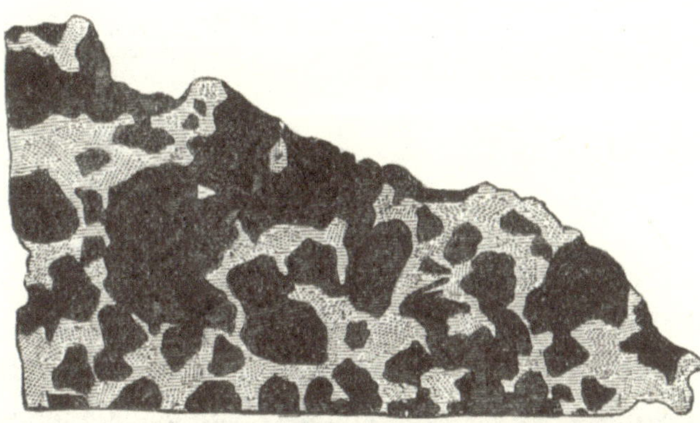

Fig. 4. Syssiderit von Brahin aus Rufsland. Polierte Fläche. Natürl. Gröfse.

noch wichtiger dadurch, dafs ihre chemische Beschaffenheit Aufschlüsse gibt über die Genesis der Erdkruste. Betrachten wir uns also die Meteorite näher!

Es gibt zweierlei Arten von Meteoriten, solche von metallischem Charakter — sie bestehen vorwiegend aus Eisen —, und solche von steinigem. Zwischen beiden kommen Übergänge vor, welche zu folgender Klassifikation geführt haben[1]):

					Spez. Gew.
Siderite, Meteore mit metallischem Eisen	ohne steinige Substanz		**Holosiderite**		8,0—7,0
	mit steiniger Substanz	Das Eisen bildet eine zusammenhängende Masse	**Syssiderite**		7,8—7,1
		Das Eisen bildet zerstreute Körner in steiniger Grundmasse	**Sporadosiderite**	**Polysiderite** (mit viel Eisen)	7,0—6,5
				Oligosiderite (enthalten wenig Eisen)	3,8—3,1
				Kryptosiderite (das Eisen ist nur mikroskopisch sichtbar)	3,5—3,0

Die Holosiderite bestehen aus Eisen, Nickeleisen und Chromeisen. Außerdem kommt in ihnen ein Phosphid von Eisen und Nickel, der Schreibersit, und ein Sulfid von Chrom und Eisen, der Daubréelit, vor. Bei den Syssideriten (Fig. 4) bildet das Eisen eine, seiner Form nach, mit einem Schwamm vergleichbare Grundmasse, welche mit steiniger Substanz

[1]) Daubrée, Synthetische Studien zur Experimentalgeologie. Braunschweig 1880.

durchsetzt ist. Dieselbe besteht durchschnittlich aus Olivin, Augit und Chromeisen. Wesentlich dasselbe gilt für die Polysiderite und Oligosiderite, welch letztere den gewöhnlichen Typus ausmachen. Ihre steinige Grundmasse läfst sich durch Säuren in zwei Teile zerlegen, indem durch diese der Olivin gelöst wird, während die Metasilikate, von denen hauptsächlich Augit und Enstatit vorkommen, im Rückstand verbleiben. Die nicht kieseligen Einsprenglinge der Oligosiderite bestehen aus Nickeleisen, bronzefarbenem Schwefeleisen und Chromeisen. Ihre Zusammensetzung erinnert an die der feldspatfreien Gesteine, namentlich an die des Lherzolithes. Die steinige Masse der Kryptosyderite weicht in ihrer Zusammensetzung von der des vorigen Typus dadurch ab, dafs Feldspate in ihnen auftreten, indem ihr Gehalt an Magnesia vergleichsweise geringer und an Tonerde und Kalk gröfser ist. Die eine Klasse der Kryptosiderite enthält Olivin und Anorthit, die andere, nämlich die »Eukrite«, Augit und Anorthit, so dafs ihre Zusammensetzung sehr an die gewisser Laven erinnert, z. B. an die von Thjorsaa in Island und, wenn auch etwas entfernter, an die Augit-Labradorit-Lava des Ätna.[1])

[1]) Als Beispiel sei hier die Zusammensetzung des Meteorits von Juvinas (gefallen 13. Juni 1821) angeführt (nach Rammelsberg):

Augit	62,85	Chromeisen	1,35
Anorthit	34,56	Magneteisen	1,17
Apatit	0,60	Magnetkies	0,25
Titanit	0,25		100,83

Die Meteorite enthalten aufserdem Gase, welche durch Erhitzen auf Rotglut ausgetrieben werden können. Die Gase bestehen aus Wasserstoff, Methan, Kohlenoxyd und Kohlensäure und es zeigt sich, dafs die ersteren drei auf Kosten des letzteren bei zunehmender Steinigkeit der Meteorite an Menge abnehmen.[1])

Es ist nun leicht ersichtlich, in welchem Zusammenhang die steinigen Meteorite zu den metallischen stehen. Offenbar kann man sich die ersteren aus den letzteren durch eine zunehmende Oxydation entstanden denken. In der Tat ist es auch Daubrée gelungen, in grofsen Zügen die Struktur und Zusammensetzung der Meteorite nachzuahmen, indem er einmal Ferrosilicium in einem mit Magnesia ausgefütterten Tiegel an der Luft zur hellen Rotglut erhitzte, das andere Mal einen Lherzolith und ein Gemenge von Olivin, Chlorit und Augit im Kohletiegel und in einer Wasserstoffatmosphäre bei Rotglut reduzierte. Auf beiden Wegen erhielt er Sporadosiderite. Besonders charakteristische Schmelzen gelangen ihm, als er bis zu 12 kg Olivin im Graphit-

[1]) Einige Beispiele (zitiert nach Schellen, Spektralanalyse, Bd. II, S. 396):

	Meteorit von	Bestandteil des Gases			
		CO_2	CO	H	CH_4
Eisenmeteorite:	Arva	11,25	74,59	12,84	—
	Texas	2,18	48,58	49,24	—
Steinmeteorite:	Ohio	82,28	2,16	12,37	2,26
	Pultusk	81,01	1,99	13,36	1,73
	Jowa	58,04	4,01	34,82	—

tiegel der Reduktion unterwarf. Die Eiseneinsprenglinge dieser künstlichen Meteorite zeigten sogar die Widmansstättenschen Ätzfiguren. Auch hatte sich der Nickelgehalt des angewandten Olivins in den metallischen Teilen angehäuft. Natürlich mufste sich gleichzeitig ein Teil des Olivins in das entsprechende Metasilikat, in Enstatit, verwandeln.

Durch diese Versuche werden die Beziehungen, die zwischen den Meteoriten und den spezifisch schwersten irdischen Ergufsgesteinen, den Basalten und Lherzoliten, bestehen, sehr klar gelegt. Ein Oligosiderit ist ein unvollständig verschlackter Lherzolith oder Olivinfels. Es fragt sich nun, ob unter den irdischen Gesteinen nicht solche beobachtbar sind, welche die Zeichen unvollständiger Verschlackung zeigen. Hierdurch würde die Kluft, welche zwischen diesen Gesteinen und den schweren eisenhaltigen Meteoriten noch besteht, in wünschenswerter Weise ausgefüllt, und es würden sich dann diese an die irdischen massigen Gesteine kontinuierlich anschliefsen.

Solche unvollständig oxydierte Gesteine sind nun in der Tat vorhanden. Man kann hier vor allem auf das Muttergestein des Platins hinweisen. Die Paragenese des Platins ist der Olivin und der Chromeisenstein; aufserdem enthält das Platin stets Eisen, oft bis zu 10%. Die tiefliegenden, platinführenden Gesteine der Erde besitzen daher unzweifelhaft die Merkmale der unvollkommen gebliebenen Verschlackung.

Noch mehr aber ist dies mit jenen berühmten Eisenmassen von Ovifak in Grönland der Fall, welche Nordenskiöld (1870) auffand und zwar in der Nähe eines Basaltes, der gleichfalls Eisen in Form von ab-

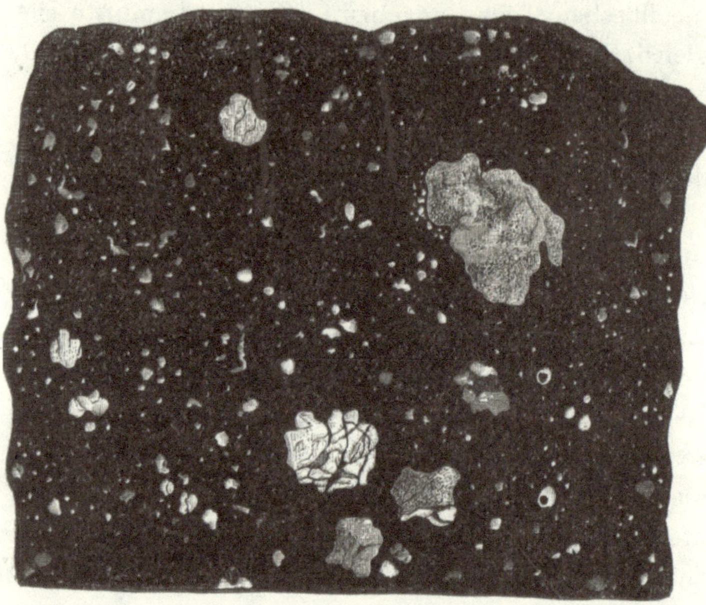

Fig. 5. Gestein von Ovifak. Die polierte Fläche zeigt in der Silikatgrundmasse zerstreute Körner, die teils aus nickelhaltigem Kohlenstoffeisen, teils aus Schwefeleisen bestehen. Zweifache Vergröfserung.

gerundeten Körnern enthält, während anderseits an den Eisenmassen, von denen eine 20000 kg wog, Trümmer desselben Basaltes hafteten, so dafs an deren terrestrischer Natur kein Zweifel ist. Nach Daubrée wären diese metallführenden Gesteine teils zu den Syssideriten, teils zu den Sporadosideriten zu stellen.

Von der letzteren Art gibt die Fig. 5 eine Vorstellung. Die eisenreichste Probe des Gesteines enthielt 80,8 % gediegenes Eisen. Eine Analyse eines Stückes von mittlerem Eisengehalt ergab folgende Zusammensetzung (nach Daubrée):

Eisen metallisch		40,94	Eisen 71,09
Eisen, gebunden an Sauerstoff, Schwefel, Phosphor		30,15	
Kohlenstoff, gebunden		3,00	Kohlenstoff 4,64
Kohlenstoff, frei		1,64	
Nickel		2,65	
Kobalt		0,91	
Schwefel, gebunden		2,70	
Arsen		0,41	
Phosphor		0,21	
Silicium		0,075	
Stickstoff		0,004	
Sauerstoff		12,10	
Wasser, chemisch gebunden		1,97	
Wasser, hygroskopisch		0,91	
Lösliche Substanzen	Calciumsulfat 1,288 Chlorcalcium 0,039 Eisenchlorür 0,027	1,354	
Chrom, Kupfer und Verlust		1,01	
		100,053	

Besonders interessant ist dabei das Vorhandensein von löslichen, hygroskopischen Substanzen, wie Eisenchlorür und Chlorcalcium, welche auch in Meteoriten beobachtet wurden, sowie von Kohlenstoff und Eisenoxyd, die übrigens ebenfalls in einigen Meteoriten und zwar miteinander vorkommen, was ihre gleichzeitige Entstehung durch Wirkung von Kohlenoxyd auf Eisen nahelegt. Das in dem Gestein von Ovifak enthaltene Silikat ist, soweit erkennbar, Anorthit. Das

Gestein hat Ähnlichkeit mit Eisenluppen, wie sie aus dem Frischfeuer hervorgehen und deren Schlacken durch das Zängen unter dem Hammer nur unvollständig ausgequetscht worden sind.

Wir dürfen wohl in diesen halbmetallischen Gesteinen Massen erkennen, welche zusammen mit dem Basalte ihrer Umgebung aus dem Erdinneren emporgedrungen sind und zwar aus einer Tiefe, bei der die Grenze der Verschlackung oder Oxydation des vermutlich metallischen Kernes der Erde liegt.

Das spezifische Gewicht der Erde ergibt sich zu 5,69, während die uns zugängliche Erdrinde eine durchschnittliche Dichte von 2,8 besitzt. Daraus folgt schon, dafs der Kern der Erde aus schweren Stoffen bestehen mufs. Es ist auch ganz natürlich, dafs die Stoffe der Weltkörper sich im allgemeinen nach ihrer spezifischen Schwere anordnen, sobald eine Entmischung eintritt. Dazu ist beschränkte Gelegenheit, solange ein Weltkörper nur aus glühenden Gasen besteht, da die Gase, soweit bekannt, sämtlich ineinander vollkommen löslich, d. h. in allen Verhältnissen mischbar sind. Wenn aber bei fortschreitender Abkühlung in der Gasmasse Nebel und schliefslich feste Körper auftreten, werden diese ihre Örter aufsuchen je nach Mafsgabe ihrer spezifischen Schwere. Wenn man sich nun fragt, welches die schweren Stoffe des Erdkernes seien, so verfällt man jedenfalls zunächst auf die Schwermetalle, und unter diesen wird dann wohl dem Eisen die erste

Stelle einzuräumen sein, nachdem man weifs, welche Mächtigkeit dieses Element sowohl auf der Erdoberfläche, als auch auf der Sonne und in den Meteoriten besitzt.

Wir verliefsen einen erkaltenden Weltkörper in dem Stadium, in dem es auf ihm noch keine Oxyde gibt, in dem z. B. die Kohle in Form von Kohlenwasserstoffen vorkommt. Welche chemischen Vorgänge nun bei weiterer Abkühlung eintreten müssen, das können wir nach den alltäglichsten chemischen Erfahrungen leicht erraten. Hat unser Weltkörper eine Portion Sauerstoff mitbekommen, so wird bei einem gewissen Temperaturintervall dieses Element seine aufserordentlichen Verwandtschaftskräfte gegen einen Teil der übrigen Elemente zu entwickeln beginnen. Der Weltkörper wird anfangen zu brennen. Es verbrennt zunächst die Atmosphäre von Wasserstoff und Kohlenwasserstoff zu Wasser und Kohlensäure, dann dehnt sich der Weltbrand auf die unedlen Metalldämpfe der Alkalien und alkalischen Erden aus, und schliefslich verbrennt noch das Aluminium, die Kohle, der Phosphor und das Silicium, das in den metallischen glutflüssigen Oberflächenschichten des in seinen Flammen stehenden Weltkörpers enthalten ist. Es ist das ein Schauspiel ähnlich demjenigen, welches uns die Bessemerbirne darbietet. Ungeheure Wärmemengen werden dabei frei und verlangsamen den Prozefs, denn nach dem Prinzip des beweglichen Gleichgewichtes hemmen die austretenden Wärmemengen den wärmeliefernden Vorgang. Daher darf man auch nicht glauben, daſs der Eintritt der Verbrennung den Weltkörper von neuem erhitze, so wie in der Bessemerbirne die gelbglühenden Guſseisenmassen durch die eingepreſste Luft zu Weiſsglut angefacht werden. Sondern,

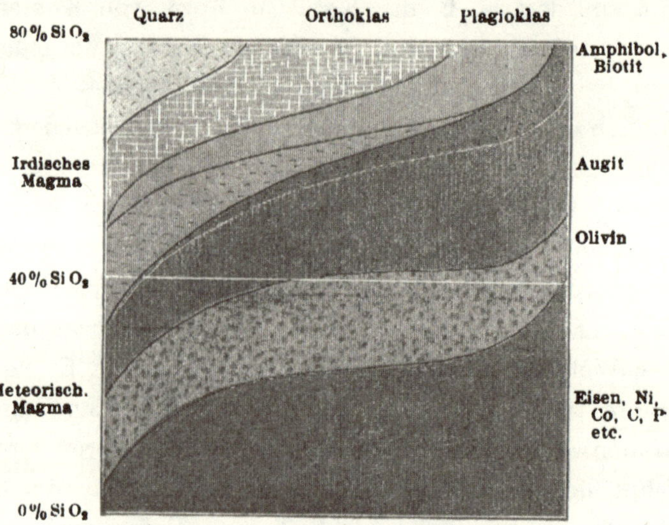

Fig. 6. Mineralzusammensetzung der Magmen.

da wir ja bei unserem Weltkörper von der Weiſsglut ausgehen und der Sauerstoff von vornherein anwesend ist, so kann die beginnende Verbrennung nur die Abkühlung verzögern und aufhalten. Daher ist es auch unzulässig, das manchmal zu beobachtende plötzliche Aufleuchten eines vorher dunkleren Sternes aus dem plötzlichen Eintritt von Verbrennungen oder anderen exothermen Reaktionen zu erklären, da diese mit zunehmender Abkühlung nur stetig fortschreiten.

Das Resultat des Weltbrandes ist dasselbe wie in der Bessemerbirne: die Oberfläche des Weltkörpers bedeckt sich mit einer Decke von oxydischen Schlacken. Diese sind das Material der Gesteine.

Irdisches Magma

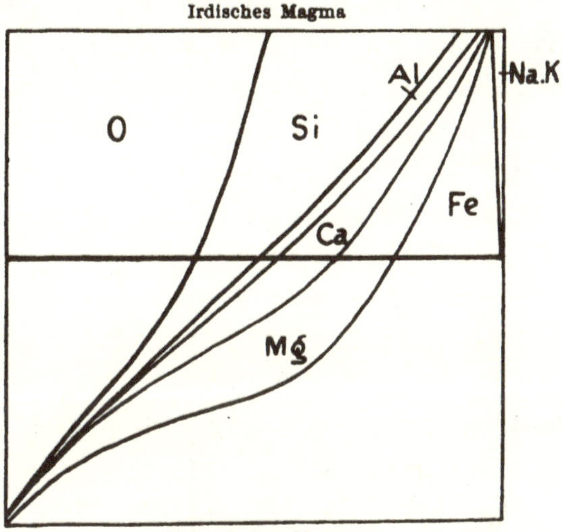

Meteorisches Magma

Fig. 7. Elementarzusammensetzung der Magmen.

Auf der Erde hat die Schlackendecke den noch nicht oxydierten Metallkern von dem Atmosphärensauerstoff abgeschlossen und so der Verbrennung ein Ende bereitet, bevor der letztere völlig verbraucht war. Ein Glück für uns, da andernfalls das organische Leben auf der Erde wohl nicht hätte einsetzen können.

Nachdem wir nun diese Betrachtungen angestellt und uns weiter oben schon überzeugt haben, dafs einige Gesteinsglieder der irdischen Schlackenkruste mit einigen Meteoriten übereinstimmende Zusammensetzung haben, wird es um so gerechtfertigter erscheinen, die metallischen Meteore als die Homologen tiefer Schichten der Erde anzusehen und von diesem Gesichtspunkte aus die Gesamtheit der irdischen massigen Gesteine und der Meteorite zu überblicken, wozu uns die folgende Tabelle und die Diagramme (Fig. 6 u. 7) dienen sollen.

Dichtigkeit der Gesteine und Meteorite.

—		Granit	2,7
—		Basalt	2,9
Tonerde-Meteorite (Eukrite)	3,0—3,5	—	
Olivin-Meteorite	3,5	Olivingestein	3,3
Meteorite des gemeinen Typus (Oligosiderite)	3,5—3,8	Shergolith	3,5
Polysiderite	6,5—7,0	—	
Molosiderite	7,0—8,0	—	

In den Diagrammen (Fig. 6 u. 7) ergeben Horizontallinien Gesteinszusammensetzungen. Man schreitet von oben nach unten zu immer schwereren und tieferen Magmen fort. Die Minerale der sauren und leichten, oberflächlichen Massengesteine, wie des Granites, kommen in den Meteoriten nicht vor. Dagegen unterrichten uns diese Trümmer geborstener Weltkörper über den chemischen Zustand ursprünglich tief liegender Schichten und mögen uns daher als Surrogat dienen für den mutmafslichen chemischen Bestand des Erdkernes, der uns unzugänglich ist. Es ist deutlich, dafs die Tabelle einen metallischen und zwar vorzüglich eisernen Erdkern suggeriert.

Fünfte Vorlesung.

Die nächste Frage, die wir uns vorlegen, betrifft den physikalischen Zustand des Erdkernes. Wenn man in die Tiefe bohrt, so kommt man bald in Tiefen, wo die Temperatur einigermaſsen regelmäſsig mit der Tiefe zunimmt. Als Mittel aus sämtlichen Bohrlöchern, welche bis jetzt gemacht wurden, ergab sich eine Zunahme von 1° C pro 30 m. Durch geradlinige Extrapolation findet man danach schon in wenigen Kilometern Tiefe Temperaturen von mehreren tausend Graden, die also mit derjenigen der Bogenlampe, in der die Kohle und alle anderen Stoffe verdampfen, zu vergleichen ist. Wenn nun auch die einfache geradlinige Extrapolation unstatthaft sein sollte, so wird man doch immerhin im Innern der Erde auſserordentlich hohe Temperaturen zu erwarten haben. Gleichzeitig aber mit der Temperatur wächst auch der Druck. Im Meere vermehrt er sich pro 10 m um 1 Atmosphäre, so daſs auf dem Grunde von Meerestiefen, die einige Kilometer betragen, bereits Drucke von ebenso viel hundert Atmosphären herrschen. In spezifisch schwereren Stoffen, als das Wasser ist, wächst der Druck um ebensoviel schneller. Z. B. in Massen vom durchschnittlichen spezifischen Gewicht 5 kommt auf alle 2 m 1 Atmosphäre Druckzuwachs.

Sollen wir nun wegen der hohen Temperatur den Erdkern gasförmig oder wegen des hohen Druckes fest annehmen oder ihn wegen beidem als flüssig betrachten?

Wir erinnern uns hier vor allem, daſs man sich unter Umständen vergeblich streitet, ob ein Stoff gasförmig oder flüssig sei, da im Gebiet hoher Drucke der Übergang von Gas zu Flüssigkeit ein stetiger ist. Erhitzt man in einem zugeschmolzenen Röhrchen eine Flüssigkeit, z. B. flüssige Kohlensäure, welche den Innenraum des Röhrchens nicht völlig ausfüllt, so nimmt das Volum der Flüssigkeit durch Verdampfung zunächst ab. Später aber überwiegt die Wärmeausdehnung der Flüssigkeit die Dampfbildung und es nimmt dann das Volum der Gasphase ab und der flüssigen zu, bis die Flüssigkeit den ganzen Raum des Röhrchens erfüllt. Erhitzt man nun noch weiter, bis über die kritische Temperatur hinaus, so wird man beim Öffnen des Röhrchens keinen Flüssigkeitsmeniskus auftreten sehen, sondern der Inhalt des Röhrchens wird sich wie ein Gas verhalten. Umgekehrt, drückt man einen Kolben mit einem Gas oberhalb von dessen kritischer Temperatur bis auf ein kleineres Volum zusammen, als dem kritischen entspricht, so behält man wohl noch immer ein Gas; kühlt man das komprimierte Gas nun aber bis unter seine kritische Temperatur ab, so verhält sich dasselbe wie eine Flüssigkeit, ohne dafs man bei dieser Prozedur einen Meniskus würde auftreten sehen. Es nimmt nur der Druck auf die Gefäfswände ab und die innere Zähigkeit zu. An welcher Stelle der Temperatur und des Druckes man nun anfangen soll, den Stoff im Kolben als Gas, und an welcher ihn als Flüssigkeit anzusprechen, bleibt einigermafsen dem Belieben anheimgestellt. Ohne Zweifel wird für die leichter verdampfbaren Stoffe im Erdinneren Druck und Temperatur höher sein, als die bezüglichen kritischen, so dafs dieselben im überkritischen Zustand sich befinden. In demselben kann aber die Zähigkeit doch bedeutend sein, wenn nur der Druck und damit die Kompression hoch genug ist. Ob auch die schwer schmelzbaren Materien, wie Kohle, Platin u. s. w., sich im überkritischen Zustand befinden, entzieht sich freilich aller Beurteilung.

Andere Betrachtungen gelten für die Grenze fest-flüssig. Unter fest sei hier immer »kristallisiert« verstanden. Denn für die starren amorphen Stoffe gilt ähnliches wie für den kontinuierlichen Übergang gasförmig-flüssig. Ein starrer amorpher Stoff, wie Pech oder Glas, besitzt keinen Schmelzpunkt, sondern ein Erweichungsgebiet. Er geht kontinuierlich, ohne eine Schmelzwärme zu absorbieren, und ohne plötzliche Volumänderung aus dem hochviskosen in den tropfbaren Zustand über. Die einzige Änderung, die man beim Erhitzen bemerkt, besteht in einer Verringerung der Zähigkeit. Daher kann man die starren amorphen Stoffe im Wesen den Flüssigkeiten zur Seite stellen und zusammen mit den Gasen in eine grofse Kategorie zusammenfassen, welche durch die Richtungslosigkeit ihrer Eigenschaften definiert ist. Diesem amorphen oder isotropen Zustand steht der kristallisierte gegenüber, in dem die Eigenschaften eines Stoffes, z. B. seine Lichtbrechung, von der Richtung im Raume abhängig ist.

Man nahm früher an, dafs ein kristallisierter Körper immer auch ein starrer ist, seitdem aber Lehmann unter einigen organischen Stoffen fliefsende Kristalle entdeckt hat, wird man zwischen kristallinisch und starr zu unterscheiden haben.

Unsere gegenwärtige Frage heifst nun also präzis: Kommen im Erdkern kristallisierte Körper vor? Zur Entscheidung darüber werden wir experimentell untersuchen müssen, wie sich der Schmelzpunkt der kristallisierten Stoffe mit dem Druck ändert.

Die Erfahrung lehrt, dafs der Schmelzpunkt mit der Temperatur meistens steigt, manchmal, z. B. beim Wasser, aber auch fällt, und die Thermodynamik zeigt den Zusammenhang dieser Erscheinung mit der Volumänderung auf. Findet, wie beim Eis, ein Erstarren unter Ausdehnung statt, so mufs gesteigerter Druck den Schmelzpunkt erniedrigen und umgekehrt. Der

Betrag der Schmelzpunktsänderung pro Atmosphäre ergibt sich aus der Formel

$$V\,d\,p = Q\frac{d\,T}{T} \quad \text{zu} \quad \frac{d\,T}{d\,p} = V\frac{T}{Q},$$

wo V die Volumänderung beim Schmelzen, T die absolute Temperatur, Q die Schmelzwärme und p den Druck bedeutet.

Die Abhängigkeit von T und p stellt sich in einer p, T-Ebene durch eine Kurve dar, wie sie die Linie $O\,C$ der nebenstehenden Fig. 8, die für Wasser gilt, darbietet.

Sie heifst Schmelzpunktskurve und mündet nach unten in die Dampfdruckkurve $B\,O\,A$ ein.

Die Kurven $O\,C$ laufen nun anfänglich für alle Stoffe annähernd geradlinig, da Q und V bei geringeren Druck- und Temperaturänderungen ziemlich konstant bleiben. Aufserdem laufen die Kurven sehr steil, weil die Änderungen V gering sind. Soweit bis jetzt bekannt, schwankt $\frac{d\,T}{d\,p}$ von 0,007° bis 0,120° pro Atmosphäre, beträgt also im Mittel 0,030°.[1])

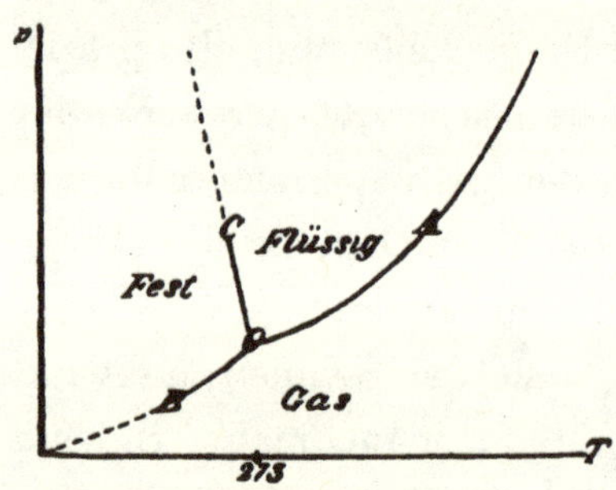

Fig. 8.

[1]) Roozeboom, Die heterogenen Gleichgewichte. Tl. I. S. 71 (Braunschweig 1901).

Wendet man diese durchschnittliche Schmelzpunktserhöhung auf Stoffe vom mittleren spezifischen Gewicht 5 an, so findet man, dafs man, um den Schmelzpunkt um 1° C zu erhöhen, 66 m in die Tiefe gehen mufs. Auf demselben Wege nimmt aber nach der mittleren geothermen Tiefenstufe die Temperatur bereits um 2° C zu. Man sieht also, dafs der Temperaturanstieg den Schmelzpunktsanstieg überholt, so dafs wenig Aussicht ist, durch den Druck im Erdinnern den Schmelzpunkt eines Stoffes erfolgreich zu bekämpfen.

Und nun wird diese Aussicht, die sich freilich auf mehrfach unsicherer Basis bewegt, noch mehr eingeschränkt durch folgende Versuchsergebnisse, die wir hauptsächlich den Arbeiten Tammanns verdanken.

Tammann hat eine grofse Reihe von Substanzen auf ihren Schmelzpunkt bis zu Drucken von 4500 Atmosphären untersucht und ganz allgemein gefunden, dafs die Schmelzpunktskurven sich bei hohen Drucken nach der Druckachse hin krümmen. Es gelingt meist, die Schmelzdruckwerte durch eine Interpolationsformel auszudrücken von der Gestalt:

$$t_p = t_{p=1} + a\,(p-1) - b\,(p-1)^2$$

(p = Druck, t = Temperatur; a und b sind Koeffizienten). Nach dieser Formel mufs es eine maximale Schmelztemperatur geben und müfste bei noch höheren Drucken der Schmelzpunkt sogar wieder fallen, der betrachtete Stoff dann also ein Verhalten zeigen ähnlich wie Wasser. Es gelang Tammann bei einem Stoff, nämlich beim Dimethylaethylkarbinol, den maximalen Schmelzpunkt fast zu erreichen. Dimethylaethylkarbinol schmilzt bei Atmosphärendruck bei — 5,0° C, bei 4500 Atmosphären dagegen bei + 34,5° C. Sein Maximum berechnet sich zu 36,5° bei 4750 Atmosphären. Wie weit Tammann in anderen Fällen von dem Maximum noch entfernt blieb, zeigt folgende Tabelle[1]:

Tabelle[2]).

Phosphor		Kohlensäure		Benzophenon		Dimethyläthylcarbinol	
p	*t*	*p*	*t*	*p*	*t*	*p*	*t*
1	43,9	5,1	— 56,7	1	47,7	1	— 9,0
2 000	97,4	2 800	— 7,5	1 500	86,2	4 500	+ 34,5
14 400	438	13 000	+ 60	10 200	189	4 750	36,5

In der ersten Reihe stehen die Schmelzpunkte bei gewöhnlichem Druck, darunter die höchsten erreichten Punkte, in dritter Reihe die für das Maximum berechneten Werte.

[1]) Sehr bemerkenswert ist, dafs, wie Tammann experimentell nachwies, die Schmelzwärme bei den erhöhten Drucken fast ungeändert bleibt, die Krümmung also von der Verkleinerung der Volumänderung V (vgl. die Formel im Text) herrührt. Für $V = 0$, folgt: $\frac{dp}{dt} = \infty$.

[2]) Roozeboom, Die hegerogenen Gleichgewichte. Tl. I S. 88 (Braunschweig 1901).

Da nun auch das Eis, dessen Schmelzpunkt mit zunehmendem Druck sinkt, in seiner Schmelzkurve eine Krümmung zur p-Achse zeigt, so liegt es nahe, dies Verhalten zu verallgemeinern und also oberhalb des Maximumpunktes die Schmelzkurven ganz allgemein rückläufig sich vorzustellen. Die allgemeine Gestalt der Schmelzkurve liefse sich dann folgendermafsen darstellen (vergl. Fig. 9).

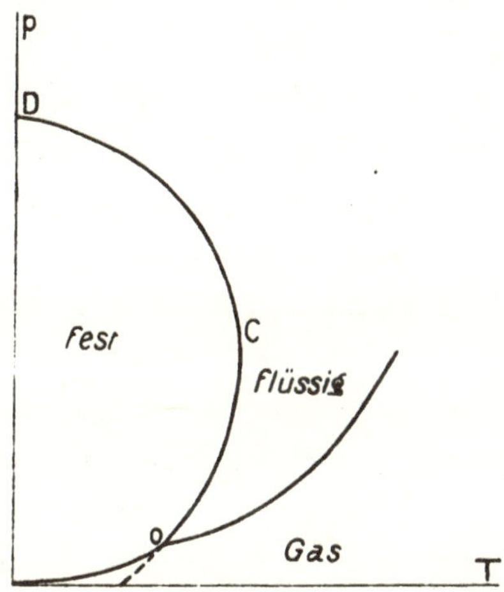

Fig. 9.

Vom Schmelzpunkt O beim Dampfdruck der Substanz ginge die Schmelzkurve nach dem höchsten Schmelzpunkte C, würde dann rückläufig und endigte schliefslich beim absoluten Nullpunkt in einem Punkt D. Das Gebiet des kristallisierten Zustandes wäre danach ein vollständig abgeschlossenes.

Wie dem auch sei, jedenfalls ist der maximale Schmelzpunkt wohl eine allgemeine Erscheinung, und die Schlufsfolgerung, die wir daraus für den Zustand der Stoffe bei den enormen Drucken und Temperaturen des Erdkernes ziehen, lautet dahin, dafs daselbst keine kristallisierten Körper mehr vorhanden sind, sondern alle Stoffe geschmolzen, teilweise sogar im überkritischen Zustande vorkommen, immerhin aber infolge der hohen Kompression mit grofser innerer Zähigkeit, beziehungsweise Starrheit ausgerüstet.

Wir kommen nun zur Betrachtung der chemischen Beschaffenheit der Erdrinde, genauer gesprochen, der Gesteine. Wenn man von der ursprünglichen Erstarrungskruste der Erde, dem sogenannten Urgebirge absieht, die wohl noch niemand gesehen hat, sei es, dafs sie zu tief liegt, oder dafs sie überhaupt in ihrer originalen Gestalt nicht mehr existiert, so hat man dreierlei Gesteine zu unterscheiden. Erstens die massigen Gesteine, in denen der Geologe aus der Tiefe glutflüssig emporgedrungene Magmen erkennt, die hauptsächlich kristallin erstarrten, zweitens die geschichteten Gesteine, die aus den ersteren und eventuell aus dem Urgebirge durch Verwitterung und daran anschliefsende mannigfaltige mechanische, schliefslich zur Sedimentation führende, Prozesse hervorgingen, und drittens die metamorphen Gesteine, die aus den sedimentären und zum Teil auch aus den massigen durch eine Kombination chemischer und mechanischer Vorgänge entstehen. Isoliert stehen bei dieser Einteilung das Eis, die ozeanischen Salzablagerungen und die organogenen Gesteine, wie Kohle, Kreide, Muschelkalk.

Aus dem Rahmen unserer Betrachtungen heraus fällt die Bildung der Sedimentationen, so dafs wir uns hauptsächlich mit den Vorgängen bei der Erstarrung der Magmen und mit der Mineralbildung aus wässeriger Lösung zu befassen haben werden.

Die wesentlichsten chemischen Bestandteile sind die Kieselsäure und die Oxyde der leichten Metalle: Kali, Natron, Kalk, Magnesia und Tonerde. Kieselsäure und Tonerde sind allverbreitet; je nachdem aber im Magma Alkali, Kalk oder Magnesia vorherrscht, kann man drei verschiedene chemische Klassen von Gesteinen unterscheiden. Die einzelnen Typen dieser Klassen kann man dann nach fallendem Gehalt an SiO_2 in parallele Reihen ordnen. Nach diesem Schema folgen hier einige Beispiele von Gesteinszusammensetzungen:

	Alkalivormacht		Kalkvormacht		Magnesiavormacht	
	Granit	Elaeolith-Syenit	Diorit	Gabbro	Lhergolith	Mellilith-basalt
SiO_2	72,3	56,6	60,8	51,0	47,1	36,2
Al_2O_3	13,6	24,3	16,7	16,7	2,9	10,6
Fe_2O_3	1,2	2,0	4,5	1,9	—	16,7
FeO	2,2	—	4,7	12,6	15,4	—
MgO	0,1	0,1	2,3	5,5	31,1	17,2
CaO	1,1	0,7	6,1	9,6	3,5	16,2
Na_2O	3,9	9,4	2,7	1,9	—	3,1
K_2O	5,6	6,9	2,2	0,8	—	—

(Die Analysen sind einer Zusammenstellung von Rosenbusch entnommen.)

Hierzu ist eine Bemerkung von Bedeutung zu machen. Die Bestandteile der Gesteine treten nicht in allen möglichen Mischungen auf, vielmehr enthalten die Alkalimagmen die meiste Kieselsäure und die Magnesiamagmen die wenigste, während die sauersten Glieder der Kalkmagmen nicht so sauer sind wie die sauersten Alkalimagmen, und die basischsten nicht so basisch wie die letzten Magnesiamagmen. Dies spricht dafür, dafs die glutflüssige Schlackenkruste der Erde nicht eine einzige flüssige Schicht bildete, sondern dafs deren mehrere übereinander schwammen. Dies würde heifsen, dafs die Silikatschmelzen nicht alle vollkommen, nämlich in jedem Verhältnis, miteinander mischbar sind, wie Wasser und Alkohol, sondern nur teilweise, wie Wasser und Phenol oder wie Zink und Blei. Man hätte sich dann die leichte Alkalisilikatschmelze, aus denen später hauptsächlich die Orthoklasgesteine, wie z. B. der Granit, sich bildeten, oben, die schwere basische Magnesiasilikatschmelze unten und die Kalkmagmen, aus denen später namentlich die Plagioklasgesteine hervorgingen, in der Mitte schwimmend zu denken.

Die Mischbarkeit unvollständig mischbarer Flüssigkeiten ist von der Temperatur abhängig, so dafs man damit rechnen mufs, dafs eine zusammengesetzte Silikatschmelze gerade bei der Abkühlung, noch vor oder erst während der beginnenden Erstarrung, sich in zwei, übereinander schwimmende, Magmen scheidet. Versuche darüber wären sehr wünschenswert, sind aber schwierig durchzuführen, da die natürlichen Gesteinsmagmen, worauf wir nachher ausführlich zu sprechen kommen, noch flüchtige Bestandteile enthielten, wie Wasser, Kohlensäure, Flufssäure, Schwefelwasserstoff u. s. w., und diese dem Magma natürlich nur unter hohem Druck einzuverleiben sind. Der Gehalt an diesen flüchtigen Bestandteilen beeinflufst aber jedenfalls die Mischbarkeit der Magmen.

Speziell möchte sein, dafs das Teilungsverhältnis der flüchtigen Bestandteile, insbesondere des Wassers, für die Alkali-, Kalk- und Magnesiamagmen nicht dasselbe sei, sondern für das erstere höher als für das letztere. Da das granitische Magma, infolge seiner spezifischen Leichtigkeit, oben schwamm, so ist anzunehmen, dafs die ursprüngliche Erstarrungskruste, das Urgebirge der Erde, granitischer Natur war.

Indessen wollen wir uns nicht weiter in Möglichkeiten verlieren, sondern jetzt auf die nähere Natur der dargebotenen massigen Gesteine eingehen.

Die in der Tabelle in Beispielen vorgeführten Magmen können je nach ihrem geologischen Vorkommen in mehreren Ausbildungsformen auftreten. So z. B. erstarrt ein granitisches Magma zu Granit nur, wenn es intrusiv einen Hohlraum der Tiefe erfüllt, wird dagegen zu Porphyr bezw. Liparit, wenn es in Gängen emporgestiegen und als Decke sich ausgebreitet hat, wobei es sich gelegentlich auch als Pechstein und Obsidian ausbildet. Der Petrograph unterscheidet demgemäfs zwischen Tiefen- und

Ergufsgesteinen. Der Strukturunterschied zwischen ihnen besteht darin, dafs das Tiefengestein, z. B. der Granit, durchaus grobkristallin entwickelt ist, während die Ergufsgesteine durch einzelne gröfsere Kristallindividuen, die in einer Grundmasse eingebettet liegen, ausgezeichnet sind. Die Grundmasse zeigt Unterschiede der Ausbildung, die im allgemeinen mit der örtlichen Tiefe der Erstarrung in einem bedeutungsvollen Zusammenhang stehen. In gröfserer Tiefe erstarrt die Grundmasse holokristallin und zwar so, dafs jedes Mineral seine eigene Begrenzung besitzt, woraus hervorgeht, dafs alle gleichzeitig, also bei der nämlichen Temperatur, kristallisierten. In mehr oberflächlich erstarrten sauren Ergufsgesteinen findet man dagegen die Grundmasse nicht mehr völlig kristallin, sondern einen Teil derselben g l a s i g erstarrt, und dies geht durch allerlei Übergänge, welche man Vitrophyre nennt, bis zu den Pechsteinen, die völlig glasig erstarrt sind.

In dieser teilweisen oder ganzen glasigen Erstarrung oberflächlich ausgebreiteter Magmen liegt ein eigentümliches Problem. Es ist zwar allgemein bekannt und gilt für alle Flüssigkeiten, dafs sie bei ihrem Eispunkte nicht notwendig zu erstarren brauchen, sondern unterkühlt werden können. Eine unterkühlte Schmelze ist aber unbeständig gegen ihr Eis, und bringt man in die unterkühlte Schmelze einen Kristall der Substanz, so findet im allgemeinen mit Notwendigkeit die Kristallisation jener statt, sei es in rascherem oder langsamerem Tempo. Nun haben wir unter einem Glas, wie früher auseinandergesetzt, eine unterkühlte und dabei starr gewordene Flüssigkeit zu verstehen. Ein Glas ist gegen Kristalle seiner Zusammensetzung jedenfalls unbeständig. Trotzdem aber finden wir in den Vitrophyren Glas und Kristalle nebeneinander seit Urzeiten vereinigt. Man mufs daher annehmen, dafs der doch vorhandenen Tendenz zur Kristallisation ein unendlicher Widerstand entgegensteht. In der Tat haben Versuche Tammanns und Küsters gezeigt, dafs die K.-G.[1]) in unterkühlten Schmelzen und Flüssigkeiten bei fallender Temperatur zunächst wächst, durch ein Maximum geht und dann wieder abnimmt, um bei gewisser Temperatur wahrscheinlich Null zu werden. Insbesondere ist die K.-G. um so geringer, je zäher eine Flüssigkeit wird, je mehr sie also die Natur eines Glases annimmt. Auch unsere gewöhnlichen Gebrauchsgläser kristallisieren ja nur unmerklich langsam, jedoch ist bei ihnen, wie man am Altern und Erblinden der Gläser erkennt, die K.-G. nicht gerade unendlich klein. Die unvollständige Kristallisation in Ergufsgesteinen wäre also nur so zu erklären, dafs bei ihnen die Geschwindigkeit der Abkühlung diejenige der Kristallisation überholt hat, so dafs das Gestein, bevor es vollkommen auskristallisiert war, in so tiefe Temperaturen kam,

[1]) K.-G. = Kristallisations-Geschwindigkeit.

bei welchen die K.-G. der betreffenden Silikate auf Null herabsinkt.

Roozeboom hält es jedoch auch für möglich, dafs die Silikatgläser unter den gewöhnlichen Bedingungen des Druckes und der Temperatur gar nicht metastabil sind. Wenn in dem nebenstehenden p, T-Diagramm (Fig. 10) AB die Verdampfungskurve und CDE die Erstarrungskurve eines Silikates bedeutet, so hängt es vom Druck ab, ob das Glas stabil

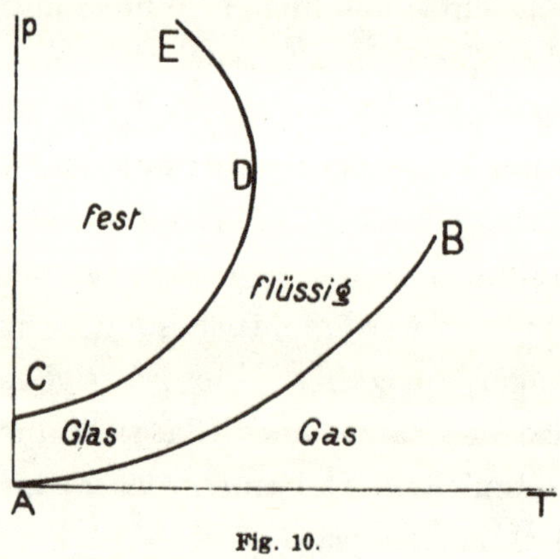

Fig. 10.

oder metabil in Bezug auf den Kristall ist. Und wenn die Schmelze auf einem zwischen $ABCD$ gelegenen Wege abgekühlt wird, so hat es nie Gelegenheit zu kristallisieren. Bedenkt man, dafs es ganze Berge von glasiger Beschaffenheit gibt, Gebilde also, wo von einer vergleichsweisen raschen Abkühlung nicht die Rede sein kann, so möchte man glauben, dafs für diese Roozebooms Annahme zutrifft. Nur wären dann in den teilweise glasigen Gesteinen die Kristalle das Metastabile und müfste dann also deren Rückumwandlungsgeschwindigkeit in Glassubstanz bei den derzeitigen Temperaturverhältnissen unendlich klein angesetzt werden.

Gerade das Beispiel eines Silikatschmelzflusses, das in einer granitischen Schmelze vorliegt, möchte vielleicht hierher gehören. Denn wenn man Quarz oder Orthoklas oder ein Gemenge beider schmilzt, so hat man bei der Abkühlung, auch wenn man sie noch so lange verzögerte, noch nie Kristalle erhalten, sondern immer Gläser.

Ebenso erstarrt ein beliebiges Stück Granit, nachdem es geschmolzen war, zu einem Obsidianglase. Dasselbe gilt von Syeniten, überhaupt von den Quarz- und Alkalifeldspatgesteinen. Es war daher stets ein grofses Problem der Geologie, die Umstände zu erraten, unter denen diese sauren Gesteine kristallisierten. Die Frage, ob im Sinne der dargelegten Roozeboomschen Ansicht der hohe Druck, unter dem ein Magma in der Tiefe steht, genügen würde, um bei der Abkühlung die kristalline Erstarrung einzuleiten, läfst sich mangels geeigneter Gefäfse vorläufig wohl schwer experimentell entscheiden.

Inzwischen sind eine Reihe von Beobachtungen gemacht worden, welche lehren, dafs der Schmelzflufs der massigen Gesteine der Tiefe Wasser enthält, so dafs das Problem jetzt so lautet: wie verhält sich ein wässeriger Silikatschmelzflufs bei der Abkühlung? Bevor wir zur Diskussion dieser sehr wichtigen und interessanten Dinge schreiten, sei erwähnt, dafs es den Bemühungen von Fouqué und Michel-Levy[1]) gelungen ist, die hauptsächlichsten Typen von Ergufsgesteinen, welche weder Quarz noch Alkalifeldspat enthalten, aus ihrem trockenen Schmelzflufs bei gewöhnlichem Druck kristallisiert zu erhalten, indem sie die betreffenden geschmolzenen Magmen während einiger Tage in einem geeigneten Ofen auf Temperaturen erhitzt hielten, welche etwas unter dem Schmelzpunkt der betreffenden Gesteine lagen, wo also die K.-G. ungefähr die maximale war. Sie konnten einen Andesit (Oligoklas-Augit), einen Diabas (Labradorit- bezw. Anorthit-Augit), einen Nephelinit (Augit-Nephelin), einen Leucitit (Augit-Leucit), einen Leucittephrit (Leucit-Labradorit), einen Peridotit oder Basalt (Olivin-Pyroxen) und einen Lherzolith (Olivin-Eustatit) auf die angedeutete Weise herstellen, so dafs die Bildungsverhältnisse dieser Gesteine kein Geheimnis mehr enthalten.

Mafsgebend für den Verlauf der Erstarrung solcher aus zwei Bestandteilen bestehenden, aus trockenem Schmelzflufs erstarrten, Gesteine sind zwei Dinge. Erstens: die Erstarrung beginnt bei einer Temperatur, welche tiefer liegt als der Schmelzpunkt des Minerales, welches sich ausscheidet, und die Erstarrung

[1]) Sythèse des minéraux et des roches. Paris, Masson. 1882.

endet in einem eutektischen Punkt, in dem beide Minerale kristallisieren. Zweitens: die Reihenfolge der Ausscheidungen hängt von dem Mengenverhältnis der Bestandteile ab. Dies wird durch [folgendes Diagramm (Fig. 11) klar. Die Punkte einer Linie AB sollen uns alle möglichen Mischungen zweier Silikate, etwa Olivin und Enstatit, vorstellen. Der Punkt A soll dem reinen Körper A und der Punkt B dem reinen Körper B entsprechen. In A und B errichten wir Senkrechte AC und BD, deren Längen den Schmelztemperaturen der Körper A und B entsprechen. Setzen wir nun der Schmelze von A etwas B hinzu, so wird die Erstarrung von A hierdurch nach den Gesetzen der Lösungen erniedrigt. Dasselbe geschieht, wenn der Schmelze von B etwas A hinzugefügt wird. Dabei ist die hervorgebrachte Erniedrigung annähernd proportional der Menge des Zusatzes. Es gehen also von C und D zwei gegeneinander geneigte Linien aus, welche die Erstarrungspunkte sämtlicher Gemische von A und B vorstellen. Diese Linien schneiden sich in einem tiefsten Temperaturpunkte, in E, dem eutektischen Punkte, der einer bestimmten Zusammensetzung der Schmelze entspricht. Hier scheiden sich beide Körper A und B nebeneinander in bestimmten

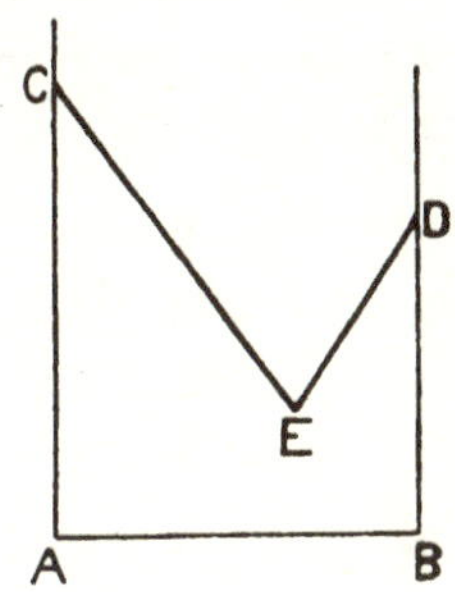

Fig. 11.

Mengenverhältnis aus. Es ist nun ersichtlich, dafs, wenn irgend eine aus *A* und *B* bestehende Schmelze vorliegt, es von ihrer quantitativen Zusammensetzung (und aufserdem von der Neigung der Linien *ED* und *EC*) abhängt, ob die Erstarrung an einem Punkt des Astes *CE* oder des Astes *DE* beginnt. Beide Male geschieht der Fortschritt der Erstarrung entlang einer der beiden Linien in Richtung auf *E* hin und endet beide Male im selben Punkte *E* bei einer ganz bestimmten Zusammensetzung.

Sind in einem Gestein mehr als zwei Bestandteile miteinander assoziiert, etwa Olivin, Enstatit und Magneteisen, so endet die Erstarrung entsprechend in einem ternären eutektischen Punkt. Um dies einzusehen, überlegen wir uns, dafs wir die eutektische Mischung zweier Bestandteile ganz wie einen einheitlichen Stoff behandeln können, da ja bei einer eutektischen Mischung die Erstarrung sich bei konstanter Temperatur vollzieht und die flüssige Phase ihre Zusammensetzung unverändert beibehält. Ein zugesetzter dritter Stoff, der sich in der Schmelze löst, wird nun einfach wieder proportional seiner Menge den Erstarrungspunkt der eutektischen Mischung herabdrücken, so lange bis er mit auskristallisiert. Man ist dann zu einem zweifach eutektischen Punkt gekommen, wo drei Stoffe bei konstanter Temperatur zusammenkristallisieren. Man überblickt die Verhältnisse leicht in einem Diagramm (Fig. 12), dessen Basis *ABC* eine

Dreiecksfläche ist, deren Eckpunkte den reinen Stoffen entsprechen. Die Punkte *DEF* mögen den einfach eutektischen Gemischen entsprechen. Von diesen gehen Linien aus, die in einem Punkt *G* zusammenlaufen, der dem ternären eutektischen Punkt, also der tiefsten Erstarrungstemperatur, entspricht. Die gesamte Erstarrungsfläche bekommt eine trichterförmige Gestalt, wie Sie es hier an diesem Tonmodell sehen.

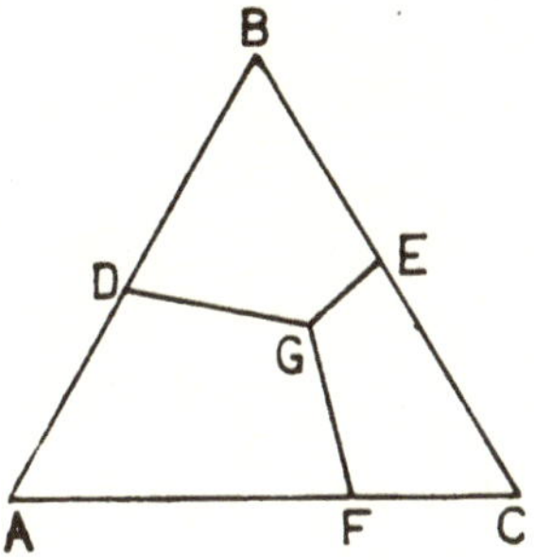

Fig. 12.

Leider ist die Kenntnis der Erstarrungslinien und -flächen von Silikatschmelzen gegenwärtig noch fast gar nicht entwickelt. Offenbar kommt ihr aber eine mafsgebende Bedeutung zu, da die Gestalt der Erstarrungslinien die Regeln abgibt, nach denen das Zusammenvorkommen (die Assoziation) der Minerale in den Gesteinen sich richtet. Dies möge kurz an einem Beispiel erläutert werden. Wenn wir die Erstarrungskurve sämtlicher aus Kieselsäure und Magnesia zusammengesetzter Gemische aufnehmen, so erhalten wir eine Zickzacklinie, deren obere gerundete Zacken den Schmelzpunkten chemischer Verbindungen und deren untere Zacken eutektischen Punkten, d. h. dem Zusammenkristallisieren zweier Verbindungen, entsprechen. Angenommen, es gibt zwischen SiO_2 und

MgO keine anderen Verbindungen, als die in der Mineralogie als Olivin und Enstatit bekannten, so würde schematisch die Erstarrungskurve die in Fig. 13 angedeutete Gestalt bekommen. Da nun bei der Er-

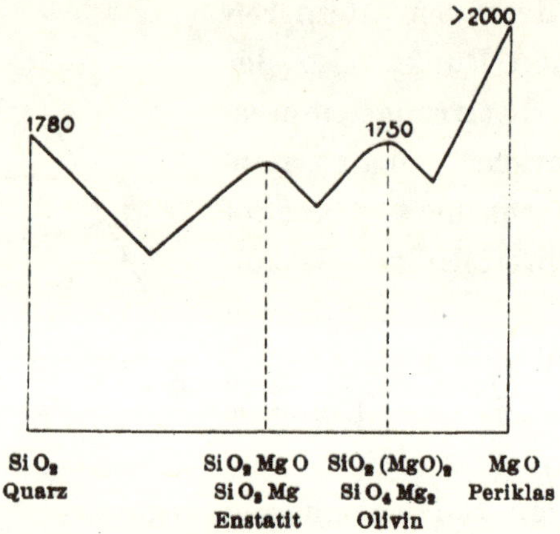

Fig. 13.

starrung die Temperatur bloſs sinken kann, so sieht man, daſs Olivin mit Periklas oder Enstatit, dieser aber nur mit Olivin und nicht mit Periklas assoziiert sein kann.

Soviel von der Erstarrung trockener Silikatschmelzen. Wir wenden uns das nächste Mal zu den w ä s s e r i g e n M a g m e n.

Sechste Vorlesung.

Die geschmolzene Silikatschlacke der Erde, welche nach vollzogener Verbrennung der Elemente die Oberfläche des Planeten bedeckte, hat, wie andere Flüssigkeiten, ein gewisses Lösevermögen für Gase, das um so gröſser ist, je stärker der Druck der letzteren ist. Nun lastete auf der Silikatschmelze zu jener Zeit, als es noch keine Meere und noch keine Kalksteingebirge gab, der ganze nach Hunderten von Atmosphären zählende atmosphärische Wasserdampf- und Kohlensäuredruck, der entstehen würde, wenn wir uns die Meere verdampft, die Kalksteingebirge zersetzt und sämtliche Kohlenflöze der Welt verbrannt dächten. Unter diesen Umständen absorbierte das Magma beträchtliche Mengen von Wasser, Kohlensäure und anderen Gasen der damaligen Atmosphäre. Unmittelbares Zeugnis von dem Gasgehalt des Magmas liefern uns die zahllosen, mikroskopischen Wasser- und Kohlensäure-Einschlüsse in den Tiefengesteinen, insbesondere in den Quarzen der Granite, ferner die wasserhaltigen Gläser, z. B. die Obsidiane, die ca. 10 Gewichtsprozent oder 25 Volumprozent Wasser enthalten, sodann die

Fumarolen der erstarrenden vulkanischen Laven und die enormen Dampfentwicklungen und Gasausströmungen, welche den vulkanischen Eruptionen vorhergehen.

Erstarrt nun ein solches wässeriges Magma in der Tiefe an Orten, wo der Druck einige hundert Atmosphären beträgt, so bleibt nach seiner Erstarrung eine wässerige Mutterlauge übrig. Dringt aber das wässerige Magma in Spalten in die Höhe und gelangt so an Orte niedrigen Druckes, so entweicht das Wasser als Dampf, als Fumarole, aus dem Magma, und dann kristallisieren die Silikate ohne Zurücklassung einer Mutterlauge. Mit diesem Unterschied stehen nun mehrfache petrographische und mineralische Unterschiede der Tiefen- und Ergufsgesteine im Zusammenhang. So enthalten die Syenite, Diorite und Gabbros Hornblende, welche wasserhaltig ist, während die entsprechenden Ergufsgesteine, Andesite, Diabase, Melaphyre an ihrer Stelle den wasserfreien Augit führen. Ebenso steht es mit den Glimmern. Sie fehlen den Ergufsgesteinen und können aus trockenen Schmelzen nicht erhalten werden.

Der Haupteinflufs des Wassergehaltes des Magmas besteht aber in einer Verschiebung der Beständigkeitsgrenzen der auskristallisierenden Silikate. Dies wollen wir an der Assoziation Quarz-Orthoklas, welche im Granit vorliegt, näher erläutern.[1])

[1]) Baur, Zeitschr. phys. Chem. 42, 567.

Um die Verhältnisse zu überblicken, bedienen wir uns der nebenstehenden Fig. 14. Wir tragen in zueinander senkrechten Koordinaten die molaren Konzentrationen einer Lösung an Quarz und Kaliumaluminat auf. Bei einer bestimmten Temperatur möge die Strecke OA die Sättigungskonzentration an Quarz

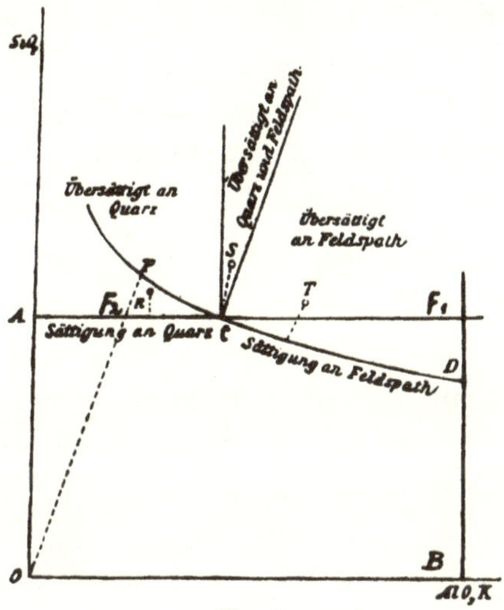

Fig. 14.

und die Strecke OB diejenige an Kaliumaluminat darstellen. Dann stellen die Geraden AF_1 und BF_1 die Sättigung an Quarz und Aluminat dar bei der gleichzeitigen Gegenwart beider (vorausgesetzt, dafs sich beide in ihrer Löslichkeit unbeeinflufst lassen, widrigenfalls die Geraden sich in gegeneinander geneigte Kurven verwandeln, was für den gegenwärtigen Zweck gleichbleibt). Die gesättigte Lösung des reinen Feldspats bei derselben Temperatur möge durch den Punkt P dargestellt werden. Er liegt dreimal näher an der Ordinate als an der Abszisse, weil im Feldspat (Si_3O_8AlK) auf 3 Mole SiO_2 1 Mol AlO_2K kommt. Die Löslichkeit des Feldspates wird nun nach den Gesetzen der Löslichkeitsbeeinflussung erniedrigt durch Zusatz von Kieselsäure oder Aluminat zur Lösung, und zwar, da das Löslichkeitsprodukt des Feldspates gegeben ist durch $K = a^3 b$, wo a die Konzentration des Quarzes und b diejenige des Aluminates ist, in sehr viel stärkerem Maſse durch Zusatz des ersteren als des letzteren. Verbinden wir alle Punkte der SiO_2-AlO_2K-Ebene, für welche Sättigung an Feldspat besteht, so erhalten wir etwa Kurve PCD; diese schneidet die Lösungslinie AF im Punkte C. Die Figur lehrt nun[1]), daſs, wenn bei der Temperatur, für die die Zeichnung gilt, eine Lösung von der Zusammensetzung R gegeben ist, nur Quarz ausfällt bis r. Aus einer Lösung S fällt Quarz mit Feldspat aus bis C und aus einer Lösung T nur dieser bis t. Durch Temperaturänderung verschieben sich AF_1B gegen PCD. Rückt die Kurve über F_1 hinaus, so hört der Feldspat auf, existenzbeständig zu sein. Ein weiterer ausgezeichneter Fall wäre der, daſs ein Punkt F_2, der einer reinen Feldspatlösung entspräche, in die Kurve fiele. Damit wäre die Lösung zugleich gesättigt an

---

[1]) Wegen der Details der Überlegungen vgl. Van 't Hoff, Bildung und Spaltung von Doppelsalzen. Lpz. 1897. S. 8—14.

Quarz und Feldspat, und rückte nun die Kurve unter F_2 herab, so liefse sich aus reiner Feldspatlösung dieser durch Kristallisation gewinnen. Zwischen den Punkten F_1 und F_2 kann man Feldspat nur gewinnen aus Lösungen, die überschüssig viel AlO_2K enthalten. Versuche haben ergeben, dafs bei 500° C dies tatsächlich so ist. Aus reiner Feldspatlösung erhält man nur Quarz. Vereinigt man die Diagramme für verschiedene Temperaturen, so erhält man ein Modell, wie es Fig. 15 perspektivisch darstellt und in dem die Sättigung an Feldspat bei verschiedenen Temperaturen T_1 T_2 durch eine Fläche ABC dargestellt wird.

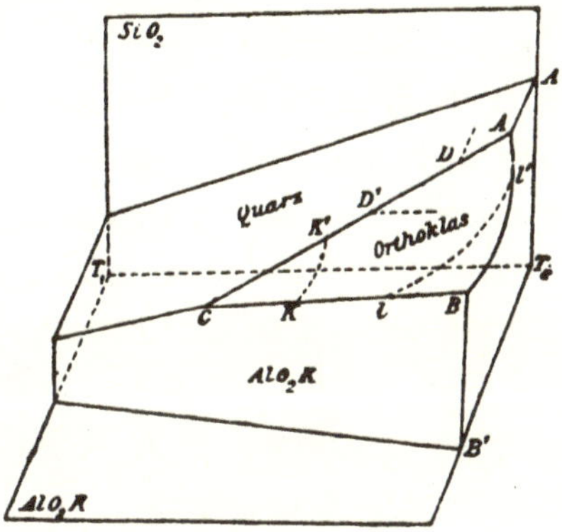

Fig. 15.

An der Hand dieses Modells läfst sich die Erstarrung eines wässerigen Quarz-Feldspat-Magmas leicht verfolgen. Angenommen, das Magma besitzt eine solche Zusammensetzung, dafs bei der Verdunstung des Wassers zuerst Sättigung für Quarz eintritt. Dann wird bei weiterem Verdunsten zunächst nur Quarz ausfallen, bis die Zusammensetzung der flüssigen Phase eine solche geworden ist, dafs die Feldspatlinie in einem Punkte D der Linie AC

getroffen wird. Befindet man sich hier oberhalb des Umwandlungsintervalls, so ist der Punkt D Kristallisationsendpunkt. Das Magma erstarrt hier bei entweichendem Wasser zu einem Gemenge von Quarz und Feldspat. Der Punkt D ist aber kein eutektischer, sondern ein Knickpunkt.

Offenbar erhält man bei dieser isothermen Erstarrung ein Gestein, das die Struktur eines Porphyrs hat: Quarzeinsprenglinge und Grundmasse, die aus beiden Mineralen besteht. — Liegt D innerhalb des Umwandlungsintervalls, so wird dieser Punkt überschritten und die Erstarrung geht weiter entlang einer Linie, welche das Orthoklasfeld durchquert. Währenddessen kann es vorkommen, dafs der zuerst ausgeschiedene Quarz eine teilweise magmatische Resorption erleidet, da er nunmehr unbeständig geworden ist. Anders gestalten sich die Verhältnisse, wenn das Wasser nicht entweichen kann, wenn es sich also um die Erstarrung eines Tiefenmagmas handelt, die sich nach Mafsgabe der Abkühlung vollzieht. Angenommen, die Zusammensetzung ist so, dafs bei der Abkühlung zuerst das Feldspatfeld getroffen wird. Dann fängt dieser an zu kristallisieren, während sich die Zusammensetzung des Magmas entlang einer Linie, die ungefähr der Temperaturachse $T_1 T_2$ parallel ist, über das Feldspatfeld hinweg ändert, bis sie in einem Punkte D' die Grenzlinie des Quarzfeldes schneidet. Dann erscheint also Quarz, und bei weiterer Abkühlung dringt man ganz in das Quarzfeld ein, um es nicht wieder zu verlassen. Schliefslich bleibt bei niederer Temperatur eine Mutterlauge übrig, welche noch geringe Mengen von Kieselsäure und Alkalialuminat enthält. Wichtig ist hierbei, einzusehen, dafs bei fortschreitender Kristallisation durch Abkühlung das Verhältnis dieser beiden Bestandteile sich in der Lösung, bezw. Mutterlauge, nicht so verschiebt, dafs die Mutterlauge immer saurer wird, sondern es findet eher das Gegenteil statt: die Mutterlauge wird basischer. Bei tieferen Temperaturen scheidet sich aber aus solchen Lösungen nur Quarz aus, da eben das Beständigkeitsfeld für Orthoklas nach den tieferen Temperaturen hin auskeilt. Bei diesem Vorgang entsteht ersichtlich ein Gestein, dessen erste vollkommen ausgebildete Mineralart der Feldspat ist, während die zweite Ausscheidung, welche die übrigen Zwischenräume zwischen den Feldspatkristallen ausfüllt (in »allotriomorpher« Ausbildung), der Quarz ist. Das ist aber gerade die Struktur des Granits. Da nach Überschreitung der Linie AC der Feldspat unbeständig wird, so droht ihm die Wiederauflösung. Diese findet in der Natur jedenfalls auch häufig statt und dürfte zu dem sog. »quartz de corrosion« Veranlassung geben. Die Betrachtung gibt auch weiter darüber Aufschlufs, dafs die jedenfalls bei tieferer Temperatur erstarrten feinen Quarzapophysen keinen Feldspat enthalten: die Temperatur war dazu eben zu niedrig.

Findet durch eine Kombination von Einengung und Abkühlung die Erstarrung entlang der Linie AC statt, so erfolgt ein gleichzeitiges Kristallisieren von Quarz und Feldspat, wie man es in Pegmatiten und Schriftgraniten vor sich hat.

Das Modell, zu dessen Konstruktion Versuche über die Breite des Orthoklasfeldes bei 500° C sowie der Umstand gedient haben, dafs bei Temperaturen unter 100° C und wahrscheinlich noch beträchtlich darüber der Feldspat gegen Wasser unbeständig ist, indem er in Quarz und Tonsubstanz zerlegt wird, ist nun sicher unvollständig. Bevor der Punkt C erreicht wird, dürfte die Feldspatfläche von einer Ton- bezw. Kaolinfläche etwa entlang KK' geschnitten werden, und ebenso wird die Feldspatfläche jedenfalls, bevor B erreicht wird, geschnitten von einer Fläche für Leucit etwa entlang ll'.

Der allgemeine Schlufs, den wir aus dem Vorstehenden ziehen, lautet dahin, dafs bei der Erstarrung des Granites eine alkalihaltige Mutterlauge zurückbleibt, und wir erkennen unschwer in den alkalischen Sprudelquellen und Geysiren die letzten Reste derselben.[1]) Natürlich verbleiben in ihr aufser den Alkalien noch eine gewisse Menge Kieselsäure sowie die löslichen Chloride, Sulfate u. s. w., die das Magma enthielt, dazu nimmt sie einen Teil der Kohlensäure

---

[1]) Vgl. E. Süfs, Die Karlsbader Thermen. Vortrag gehalten auf der Naturforscherversammlung in Karlsbad 1902.

und der übrigen schwachen, flüchtigen Säuren auf, mit denen jenes gesättigt war. Die heifsen Quellen, die zutage treten, sind aber wohl nur der geringere Teil der fraglichen Mutterlauge, der gröfsere wird wohl in die Gesteinsdecken des in der Tiefe erstarrenden Granitmagmas eindringen, um dort diejenigen Umbildungen zu vollziehen, welche als Kontaktmetamorphosen zusammengefafst werden.

Eine weitere Folge des Wassergehaltes der plutonischen Gesteinsmagmen sind deren vulkanische Eruptionen. Um dies einzusehen, betrachten wir die Dampfspannungskurve einer beliebigen Salzlösung und wählen dazu als Beispiel das Silbernitrat.[1]) Dieses Salz schmilzt bei 198° C. Setzen wir der Schmelze etwas Wasser zu, so wird ihr Erstarrungspunkt proportional erniedrigt, bis man bei — 6,5° C zum eutektischen Punkte kommt. Die Erstarrungslinie aller H_2O — $AgNO_3$ — Gemische stellt uns die Linie *DAF* der Figur 16 vor. Anderseits beträgt die

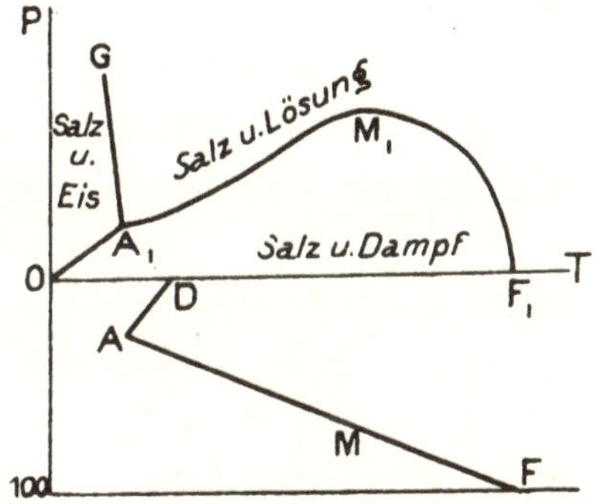

Fig. 16.
Mit Benutzung der Abbildung aus van 't Hoff, Vorlesungen üb. theoret. Chem. Heft I (Braunschweig 1898).

[1]) Vgl. van 't Hoff, Vorlesungen über theor. Chem. Heft I, S. 34 (Braunschweig 1898).

Dampfspannung des gefrierenden Wassers 4 mm Hg, diejenige des schmelzenden Silbernitrats praktisch Null. Die Dampfspannung der Lösungen $A_1 M_1 F_1$ mufs sich also zwischen diesen Grenzen bewegen, sie wird bis zu einem Maximum bei M_1 ansteigen und dann bei sehr konzentrierten Lösungen wieder bis Null herabsinken. Es gibt also ein Gebiet hoher Salzkonzentrationen, nämlich zwischen M und F, wo bei fallender Temperatur, während Salz auskristallisiert, der Dampfdruck steigt. Diese Verhältnisse können wir ohne weiteres auf die wasserhaltige Silikatschmelze übertragen.

Ist also in der Tiefe ein Becken mit schmelzflüssigem Magma gegeben und fängt dasselbe an zu kristallisieren, so vermehrt sich sein Dampfdruck und es kann der Fall eintreten, dafs derselbe über den durch die überlagernden Gesteinsschichten hervorgebrachten Druck hinauswächst. Dann werden diese, ähnlich wie bei einer Dampfkesselexplosion, an einer Stelle aufbersten. Nach aufgehobenem Gegendruck brechen gewaltige Wasserdampfmassen hervor, sowie die anderen Gase, welche das Magma enthält, und schliefslich das entgaste Magma selbst, die Lava. Die plötzliche Gasentwickelung zerstäubt einen Teil derselben, sie wird als Asche emporgeschleudert. In den niedergefallenen Aschen, den Tuffen, findet man auch die Kristalle, welche sich vor der Eruption im Magma bereits ausgeschieden hatten. Besonders interessant ist hier das Vorkommen von Glimmer und Hornblende, da diese nur intratellurisch sich bilden konnten. In der glühenden Lava lösen diese Minerale sich wieder auf, sie werden, wie man sagt, magmatisch resorbiert.

Mit dem Wasser zugleich entweichen flüchtige schwache Säuren, wie Kohlensäure, Borsäure, schweflige Säure. Diese können natürlich bei der hohen Temperatur von den Basen des Magmas nicht festgehalten werden, da sie wegen ihrer Flüchtigkeit von der Kieselsäure verdrängt werden, sobald die flüchtigen Säuren Gelegenheit haben zu entweichen. Was den in den vulkanischen Exhalationen vorkommenden Schwefel-, Fluor- und Chlorwasserstoff anbetrifft, so sind deren Salze durch das überhitzte Wasser des Magmas hydrolytisch gespalten anzunehmen. Versuche darüber, wie weit durch überhitztes Wasser die Salze der Alkalien zersetzt werden können, wären sehr interessant; inzwischen ist durch einen Versuch Bunsens[1]), der Kochsalz durch überhitzten Wasserdampf in Natron und Salzsäure zerlegte, die bedeutende hydrolytische Kraft desselben aufser Zweifel gesetzt.

Kommt es auch nicht zur vulkanischen Eruption, so müssen immerhin die Gase des erstarrenden Magmas entweichen. Hierzu bieten sich die Spalten der überlagernden Gesteinsschichten als die natürlichen Abzugskanäle, und es bezeichnen die Gase ihren Weg

[1]) Pogg. Ann. 1851. Geologie Islands.

durch eine Reihe mannigfaltiger chemischer Einwirkungen, die wir nun verfolgen wollen.

Die Gase des Magmas, namentlich Fluorwasserstoff und Chlorwasserstoff, entweichen aus den erstarrenden Tiefengesteinen zum Teil nicht als solche, sondern als die Chloride und Fluoride des Siliciums bezw. der Schwermetalle, von denen die Magmen stets gewisse, wenn auch relativ kleine Mengen enthalten. Diese Verbindungen strömen zusammen mit dem Wasserdampf, dem Schwefelwasserstoff u. s. w. auf Spalten des Gesteins nach deren kälteren oberflächlicheren Teilen hin, wo sie sich kondensieren und gleichzeitig in leicht ersichtlicher Weise miteinander reagieren. Diese etwas komplizierte Destillation nennt man in der Geologie »pneumatolytische Mineralbildung« (Vogt). Sie endigt mit der Entstehung von Mineral- bezw. Erzgängen. Dabei handelt es sich immer um eine Wechselzersetzung von Chloriden und Fluoriden mit Wasser und Schwefelwasserstoff. Z. B. reagiert Fluorsilicium mit Wasser nach der Gleichung:

$$SiF_4 + 2\,H_2O = SiO_2 + 4\,FH.$$

Wenn man sich fragt, warum diese Reaktion nicht schon in der Tiefe sich vollzieht, so ist zu antworten, dafs sich zwischen den drei gasförmigen Stoffen ein Gleichgewicht einstellt, und dafs dieses Gleichgewicht bei fallender Temperatur sich nach rechts (d. h. im Sinne der Bildung der Stoffe auf der rechten Seite der Gleichung) verschiebt, da diese Reaktion unter Wärmeentwickelung verläuft. Eine genauere Untersuchung der hier auftretenden Gleichgewichte wäre eine dankenswerte Aufgabe.

Auf solche Weise erklärt man sich die Entstehung der Zinnerzgänge, deren geologisches Vorkommen stets mit Granitmassiven verknüpft ist. Nach Daubrée ist das Zinn als Fluorid (zum Teil vielleicht auch als Chlorid) zusammen mit Wasserdämpfen dem erstarrenden Granit entwichen und hat sich in den kälteren Teilen der Gesteinsgänge als Zinnstein abgesetzt. Zusammen mit Zinnstein pflegt man Wolframit, Scheelit und Eisenglanz anzutreffen, und man darf schliefsen, dafs auch deren metallische Bestandteile gasförmig als Fluoride aus der Tiefe emporgedrungen seien. Vielfach findet man aber auch auf den Zinnerzgängen die Sulfide der angeführten Metalle sowie die Sulfide des Kupfers, Eisens und Arsens; ja es ersetzen diese sogar das Zinnerz auf manchen, in geologischer Hinsicht den Zinnerzgängen ganz analogen Vorkommnissen. Daher wird man wohl für diese sulfidischen Gänge die analoge Erklärung geben müssen, die also dahin lautet, dafs die Schwermetalle, z. B. Eisen, in Gestalt der Dämpfe ihrer Halogenverbindungen im Gang heraufsublimierten und sich in der Kälte mit dem gleichzeitig ausgestofsenen Schwefelwasserstoff umsetzten. Immer handelt es sich dabei um umkehrbare Reaktionen, die durch die Massenwirkung und auch durch die Temperatur bald im einen, bald im anderen Sinne sich verschieben.

Der bei diesen Reaktionen frei werdende Fluorwasserstoff dringt zusammen mit der Borsäure, die als solche oder als Borfluorid mit heraufdestillierte, in das Nebengestein des Ganges ein. Besteht dieses aus Granit, so greifen die beiden Säuren den Feldspat an und verwandeln ihn in komplizierte fluor- und borhaltige Mineralien, unter denen Turmalin und Topas die wichtigsten sind. Den Rest der Flufssäure bindet der Kalk und gelegentlich die Tonerde, wobei Fluoride entstehen, die wegen ihrer Unlöslichkeit sehr beständig sind.

An diese Vorgänge schliefst sich die Kontaktmetamorphose im engeren Sinne an, welche uns mit einer weiteren Äufserung des Wassergehaltes des Magmas bekannt macht. Wenn die noch mehrere hundert Grade heifse Mutterlauge eines erstarrenden Granits in das Nebengestein, sagen wir, in einen Schiefer eindringt, so löst es denselben auf, ebenso wie dasselbe vorher die Silikate des Granites selber aufgelöst hatte. Aus dieser Lösung kristallisieren dann Silikate aus, die mit denen der Tiefengesteine selbst Ähnlichkeit haben, da sie ja unter ähnlichen Bedingungen entstanden sind und die elementare Zusammensetzung der Tonschiefer von derjenigen der Magmen nicht allzuweit abweicht. Die Tonschiefer verwandeln sich so in den H o r n f e l s, unter dessen mineralischen Bestandteilen wir Quarz, Glimmer, Feldspate und eine lange Reihe von Aluminiumsilikaten antreffen, auf die einzugehen hier keinen Zweck hätte. Mehr interessiert uns die Frage, wie überhitztes Wasser, das soeben die Hauptmenge seiner gelösten Silikate durch Kristallisation verloren hat, nun doch wieder Silikatsubstanz auflösen kann, ohne von neuem auf höhere Temperatur erhitzt zu werden. Nun wohl, der Tonschiefer wird auch nicht völlig aufgelöst; aber er wird unter dem Einflufs des überhitzten Wassers umkristallisiert. Dies hängt damit zusammen, dafs die entstehenden Minerale, z. B. Plagioklase, in dem überhitzten Wasser weniger löslich sind als die hydratisierten, erdigen Stoffe, aus denen der Tonschiefer besteht. Das Wasser, nachdem es sich mit diesen Stoffen gesättigt hat, erweist sich als übersättigt an Quarz, Feldspat u. s. w., und diese Stoffe werden daher auskristallisieren. Die Sache liegt so, dafs in Gegenwart des überhitzten Wassers die Stoffe des Tonschiefers, als die löslicheren, unbeständig sind gegenüber den kontaktmetamorphen Mineralen. Ebenso verwandelt sich ja amorpher Schwefel, wenn man ihn, mit Schwefelkohlenstoff befeuchtet, stehen läfst, in den beständigeren und unlöslicheren rhombischen Schwefel. Es vollzieht sich also die Kontaktmetamorphose durch eine stetige Aufeinanderfolge von Lösung und Kristallisation, bei der das ursprüngliche Gefüge des Gesteins noch teilweise erhalten bleiben kann. Dasselbe gilt von der Bildung des Marmors aus Kalkstein, welche zu den wichtigsten Kontaktmetamorphosen gehört. Das überhitzte Wasser, welches in den Kalkstein eindringt, sättigt sich mit ihm, ist dann aber übersättigt an kristallisiertem Kalkspat, welcher sich daher ausscheidet. Es ist derselbe Vorgang, den der Analytiker herbeiführt, wenn er den zuerst amorph ausfallenden Niederschlag einige Zeit kocht; er wird dann kristallinisch, weil diese Form eines Stoffes immer die unlöslichere und beständigere ist gegenüber seinem amorphen Zustand.[1]) Kieselige, tonige und bittererdige Verunreinigungen, wie sie im Kalkstein in der Natur immer vorkommen, gehen bei diesem Umbacken mit in Lösung und kristallisieren dann als jene schönen Bildungen wieder aus, die wir in den Granaten, Vesuvianen u. s. w. bewundern und die in den metamorphen Kalken mit Vorliebe auftreten.

Ganz anders werden die Erscheinungen, wenn der aus dem Magma austretende Wasserdampf oder das überhitzte Wasser sich beträchtlich abkühlt, bevor es auf die umgebenden Gesteine einwirkt. Ich mufs hier nochmals an das früher gegebene Diagramm erinnern, welches uns die Sättigung von wässerigen Lösungen mit Feldspat zur Darstellung brachte.

---

[1]) Eine sehr fein kristallinische Substanz wird in Gegenwart eines Lösungsmittels grobkristallinisch, weil die kleineren Kristalle löslicher sind als die gröfseren.

Wir haben damals angemerkt, dafs der Feldspat gegenüber wässerigen Lösungen unbeständig wird, wenn die Kurve über den Punkt *F* hinausrückt. Bei welcher Temperatur dies stattfindet, ist zur Zeit noch unbekannt, sicher aber ist, dafs der Feldspat unterhalb der Kochgrenze des Wassers und wahrscheinlich schon beträchtlich oberhalb derselben unbeständig ist. Dies beweist eben die Zersetzung des Feldspats in der Natur.[1]) Überhitzter Wasserdampf zersetzt den Orthoklas zu Kaolin. Dies ist ein wasserhaltiges Tonerdesilikat der Zusammensetzung: $H_4\,Al_2\,Si_2\,O_9$. Er entsteht aus dem Orthoklas durch Verlust von Kali und Kieselsäure. Ob auch durch Wasser unter 100° C die Zersetzung des Feldspats bei genügend langer Einwirkung bis zum Kaolin fortschreitet oder nicht, ist bis jetzt unentschieden. Die tonigen Substanzen, die aus dem Feldspat in der Natur durch die zirkulierenden Gewässer, das heifst durch Verwitterung, entstehen, enthalten tatsächlich stets noch Kali, welches durch Wasser nicht auswaschbar ist. Ungewifs aber ist zur Zeit, ob dieser Kaligehalt bestimmten chemischen Individuen, Kalitonerdesilikaten, angehört, oder ob es sich um Adsorption des Kalis durch Tonerdesilikate handelt. Untersuchungen darüber wären sehr erwünscht.[2])

---

[1]) Es liegt auch ein Versuch von Daubrée darüber vor. Vgl. dessen Études de géologie expérimentale.

[2]) Vgl. Brauns, Chemische Mineralogie. Lpz. 1896. S. 316.

Jedenfalls geht aus diesem, für die Vegetation der Erde so bedeutsamen Bindungsvermögen der Tonerdesilikate für Kali bei gewöhnlicher Temperatur hervor, dafs der Kaolin seine Erstarrung nur überhitztem Wasser verdanken kann. Die Kaolinisierung des Granits tritt ein, wenn die von einem erstarrenden Tiefenmagma aufsteigenden überhitzten Gewässer durch einen, geologisch älteren, Granit hindurchdringen, der das Dach von jenem bildet. Charakteristisch ist dabei, dafs die Kaolinisierung nach der Tiefe an Vollkommenheit zunimmt, und dafs aus dem so veränderten Gestein auch gleichzeitig alle Phosphorsäure, welche in den frischen Tiefengesteinen in Form von Apatit vorhanden war, herausgelöst ist. Bei der Verwitterung dagegen bleibt der Apatit dem Boden erhalten.[1]) Es wäre eine dankenswerte Aufgabe, festzustellen, zwischen welchen Grenzen der Temperatur die Kaolinisierung des Feldspats auftritt und wo dieselbe abgelöst wird von derjenigen Veränderung, welche das Ergebnis der Verwitterung ist.

Ebenso wie der Feldspat werden auch alle anderen Silikate der plutonischen Gesteine durch überhitztes und nicht überhitztes Wasser zersetzt und wie beim Feldspat lassen sich oft mehrere Arten der Zersetzung erkennen, die an aufeinanderfolgende Temperaturen geknüpft sind. So z. B. entstehen aus

---

[1]) Vgl. Weinschenk, Grundzüge der Gesteinskunde, I, Freiburg 1902. S. 117.

Leucit und Nephelin durch überhitztes Wasser Zeolithe und diese gehen durch Wasser von gewöhnlicher Temperatur in Tonsubstanz über. Leider sind die Grenzen der Temperatur, zwischen denen diese Mineralien gegen ihre wässerigen Lösungen beständig sind, noch gar nicht untersucht. Man hat hier Umwandlungstemperaturen zu erwarten und erst, wenn diese ermittelt sind, wird man aus dem Vorkommen dieser Minerale in der Natur genaue und bindende Schlüsse auf die Bedingungen ziehen können, welche bei ihrer Bildung bestanden haben mufsten.

Von den weiteren, durch überhitzte Wässer hervorgebrachten, Gesteinszersetzungen will ich nur noch die Serpentinisierung der Magnesiasilikate, insbesondere des Olivins, anführen und die übrigen übergehen, da mangels chemischer Spezialuntersuchung für das genauere chemische Verständnis dieser Vorgänge die Unterlagen fehlen. Was wir im allgemeinen aus dem Überblick über die Tatsachen der Gesteinszersetzung entnehmen, das ist, dafs die plutonischen Gesteine sämtlich gegen Wasser von tieferer Temperatur unbeständig sind, obwohl sie sich gerade bei Gegenwart desselben bei höherer Temperatur gebildet hatten. Die Natur hatte daher zu ihrer Entstehung einen besonderen präparativen Kunstgriff anzuwenden, der in der halb isothermen Einengung des kristallisierenden Magmas bestand. Das Wasser mufste aus dem Reaktionsgemisch durch Verdampfung oder durch

Ablaufen der Mutterlauge entfernt werden, bevor die Temperatur so weit herabsank, dafs an Stelle der Feldspate, Hornblenden u. s. w. deren Zersetzungsprodukte auftraten.

Die Gesteinszersetzung durch Wasser findet ihr Ende erst bei gewöhnlicher Temperatur und schliefst mit den Verwitterungsprodukten im engeren Sinne ab. Das schliefsliche Resultat sind die tonigen Substanzen des Erdbodens und für die Magnesiasilikate wohl der Talk. Beides sind wasserhaltige Verbindungen. Wir sehen also, wie das Wasser einen Kreislauf durchmacht. Ursprünglich der schmelzflüssigen Schlacke der Erde einverleibt, wird es bei deren Erstarrung frei, gelangt durch die vulkanischen Eruptionen in die Atmosphäre und kondensiert sich zu den Gewässern der Oberfläche. Dann zersetzt es die Gesteine, verbindet sich von neuem mit deren Materialien und kehrt so zur Lithosphäre, der es entsprang, zurück.

Einen ähnlichen Kreislauf beschreiben jene anderen Gase, die mit dem Wasser zugleich aus den vulkanischen Schloten der Atmosphäre zugeführt werden. Vor allem die Kohlensäure. Die Kohlensäure verdrängt bei gewöhnlicher Temperatur die Kieselsäure der Gesteine ganz ebenso, wie wir dies beim Mörtel sehen. Die Erhärtung desselben beruht ja darauf, dafs aus dem Calciumsilikat des jungen Mörtels mit der Zeit Karbonat wird unter Ausscheidung von Kieselsäure. Derselbe Vorgang findet in der Natur in den unter dem Einflufs der kohlensauren Tageswässer verwitternden Gesteinen statt. Auch hier bilden sich aus den Kalk- und Magnesiasilikaten Karbonate, die als doppeltkohlensaure Salze von den zirkulierenden Wässern gelöst und dem Meere zugeführt werden. Dort werden sie von den Organismen des Meeres, welche Kalkskelette und -schalen absondern, als neutrale Karbonate wieder ausgefällt. So entstehen die Kalksteingebirge. Hierdurch und durch die Kohlenbildung wird die aus dem Innern der Gesteinsmagmen der Atmosphäre zugeführte Kohlensäure jüngeren Gesteinen wieder einverleibt. Man hat bemerkt, dafs Perioden erhöhter vulkanischer Tätigkeit, wie das Karbon und das Tertiär, auch Anlafs zu vermehrter organischer Tätigkeit gegeben haben, welche das Kohlensäuregleichgewicht wieder herstellten.[1])

Ähnlich gestaltet sich der Kreislauf der Salzsäure, welche ja auch zu den vulkanischen Exhalationen gehört. Die Menge des Chlorjons, welches durch die Flufswässer dem Meere zuströmt, ist so grofs, dafs der Chlorgehalt der Gesteine nicht hinreicht, um jene zu decken. Teilweise mufs der Chlorgehalt der Gewässer daher der Atmosphäre entstammen, welche ihn ihrerseits von den Vulkanen geliefert bekommt. Z. B. exhaliert der Vulkan Puracé in Kolumbien täglich über 30000 kg Salzsäure. Und wie dann durch

[1]) **Weinschenk**, l. c. S. 69.

Verdampfung der Meere auch die Chloride der Lithosphäre zurückgegeben werden, erfahren wir alsbald.

Überblicken wir nochmals die Gesamtheit aller Erscheinungen, die wir als abhängig erkannten von dem ursprünglichen Gas- und Wassergehalte des Magmas, nämlich die Beschaffenheit der daraus kristallisierenden Gesteine selbst, die vulkanischen Eruptionen, Erzgänge, Thermen und Gesteinszersetzungen, so haben wir damit einen grofsen Cyklus geologischer Veränderungen der Erdrinde umfafst und die hauptsächlichsten Tatsachen der geologischen Chemie einem Fundamentalphänomen untergeordnet.

Siebente Vorlesung.

Wir verlassen nun die monumentalen Verhältnisse der Gesteinsbildung und wenden uns zu der Bildung der nicht gesteinsbildenden Mineralien, in der die Natur ihre dekorative Kunst offenbart. Die Mehrzahl der chemischen Verbindungen, um die es sich hier handelt, sind durch Unlöslichkeit, d. h. Schwerlöslichkeit in Wasser gekennzeichnet. Dies ist leicht erklärlich, denn bei der Allgegenwart des Wassers fallen wasserlösliche Minerale früher oder später der Lösung anheim, so dafs ihre Substanz in die Flufsläufe und schliefslich ins Meer getragen wird.

Die unlöslichen Oxyde, Sulfide, Sauerstoff- und Halogensalze, die im Mineralreiche vorkommen, sind meist Verbindungen, welche dem Chemiker wohlbekannt sind. Er erhällt sie als Fällungen durch Vermischen wässeriger Lösungen. Allein die Präzipitate, deren Darstellung die Grundlage der analytischen Chemie bildet, haben ein von den Mineralen gleicher Zusammensetzung so verschiedenes Aussehen, dafs es eine Zeit gab, in der man glaubte, die Natur bediene sich zu ihrer Bildung geheimnisvoller Kräfte, die man nicht ins Laboratorium zu bannen vermöchte. Dies ist nun aber doch gelungen, und es hat sich dabei herausgestellt, dafs das Geheimnis kein allzu tiefes war. Es besteht nämlich nur in der Zeit. Die Natur kann sich mehr Zeit nehmen, als der Mensch in seinem kurzen Dasein und gelangt so zu Präparaten, welche von den gewöhnlichen Laboratoriumspräparaten verschieden sind.

Sehen wir genauer zu, worin die Verschiedenheit in unserem Fall besteht, so zeigt sich, dafs unsere Fällungen aus wässerigen Lösungen meist amorph sind, die entsprechenden Minerale dagegen kristallisiert. Es gibt nun einen allgemeinen Satz, welcher besagt, dafs amorphe Stoffe unbeständiger sind als kristallisierte. Unbeständig will hier sagen, dafs die Umwandlung des amorphen Körpers in seine kristallisierte Form freiwillig und zwar eigentlich mit Notwendigkeit erfolgt, wenn der Kristall in Berührung mit amorpher Substanz gleicher Zusammensetzung sich befindet. Die Bedingung dieses Satzes besteht darin, dafs die kristallisierte Form in Wasser (überhaupt in Lösungsmitteln) unlöslicher ist als die amorphe. Haben wir also eine an dem amorphen Stoff gesättigte Lösung, so wird dieselbe übersättigt sein in Bezug auf die kristallisierte Form. Diese wird sich demnach ausscheiden müssen, sobald die Übersättigung aufgehoben wird, was im allgemeinen freiwillig geschieht, wenn die Übersättigung einen gewissen Betrag überschreitet. Aufserdem wird die Ausscheidung der Kristalle hervorgerufen, wenn eine kleine Menge derselben, ein Kristallkeim, der Lösung einverleibt wird. Indessen kann die Geschwindigkeit, mit der sich die Umwandlung vollzieht, eine sehr geringe sein, und sie ist es meist. Dies spielt aber keine Rolle in der Natur, wo die zur Ausbildung der beständigsten Zustände nötige Zeit vorhanden ist.

Fragt man sich, warum bei der Darstellung von Fällungen im Laboratorium die unbeständige amorphe Form einer Substanz erhalten wird, statt der beständigen kristallinischen, so lautet die Antwort, dafs dies Verhalten darin begründet ist, dafs sich der Verlauf chemischer Reaktionen stufenförmig vollzieht, derart, dafs, wenn man von einem veränderlichen Zustand ausgeht, nicht sofort der beständigste, sondern der nächstliegende erreicht wird (Ostwald).

Dies wollen wir uns nun durch ein Beispiel verdeutlichen. Es diene uns hierzu der Schwefel. Rhombischer Schwefel schmilzt bei 114°. Anderseits verwandelt sich rhombischer Schwefel bei 95,6° in monosymmetrischen. Dieser schmilzt bei 120°. Bei diesen Schmelz- und Umwandlungstemperaturen ist der Dampfdruck der koexistierenden Phasen identisch. Darunter und darüber hat die unbeständige Phase den höheren Dampfdruck sowie die höhere Löslichkeit, so dafs die Linien, welche die Dampfdrucke als Funktionen der Temperaturen darstellen, so zueinander liegen müssen, wie aus der Fig. 17 ersichtlich, wo die mit *fl*, *m*, *rh* bezeichneten Linien die Dampfdruckkurven des flüssigen, monosymmetrischen und rhombischen Schwefels darstellen.

Kühlt man nun geschmolzenen Schwefel rasch ab, so kann man vermeiden, dafs bei 120° oder 114°

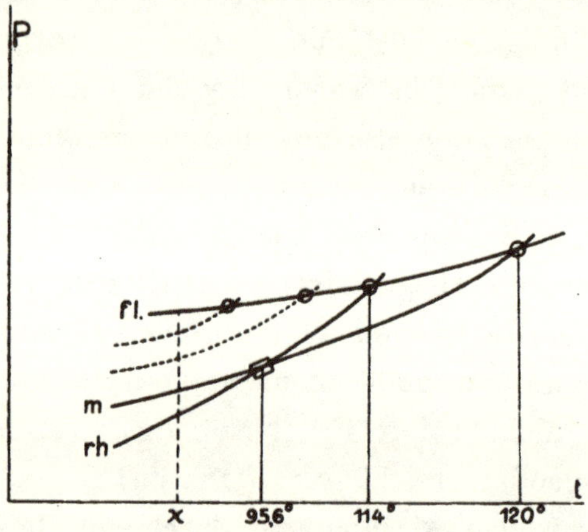

Fig. 17.

Kristallisation eintritt. Man bekommt dann bei gewöhnlicher Temperatur überkalteten geschmolzenen Schwefel, das ist also amorpher Schwefel. Dieser ist unterhalb 114° unbeständig, und wenn nun bei einer Temperatur *x* unterhalb 95,6° eine Kristallisation einsetzt, so erhält man zunächst monosymmetrischen Schwefel, obwohl auch dieser unbeständig ist und nach einiger Zeit, sofort aber nach Impfung mit einer Spur rhombischen Schwefels in diesen übergeht. In der Figur sind noch zwei punktierte Kurven eingezeichnet, welche schematisch die Lage weiterer Formen des Schwefels angeben. Man kennt ja im ganzen jetzt zwölf verschiedene Modifikationen desselben. Diese weiteren Formen sind sämtlich gegen die rhombische und monosymmetrische Form unbeständig und wandeln sich also schliefslich in diese um. Wenn zwei Formen, wie der rhombische und monosymmetrische Schwefel bei 95,6^{0}, ihr Beständigkeitsverhältnis bei einer gewissen Temperatur vertauschen, so nennt man sie enantiotrop, im anderen Fall monotrop.

Die Umwandlung amorpher Niederschläge in kristalline ist für eine grofse Zahl von Verbindungen durch den Versuch bewiesen. Da die Geschwindigkeit chemischer Vorgänge mit der Temperatur sehr rasch anwächst, so wird zur Abkürzung der zur Umwandlung nötigen Zeit mit Vorteil erhöhte Temperatur angewandt. Handelt es sich um die Umkristallisation eines Niederschlages unter Wasser, so kommt bei der höheren Temperatur als beschleunigender Faktor noch die vermehrte Löslichkeit hinzu, da ja die Geschwindigkeit chemischer Vorgänge proportional mit der Konzentration der reagierenden Stoffe, hier also proportional mit der Löslichkeit, wächst. Aufserdem ist die Geschwindigkeit chemischer Vorgänge noch abhängig von der Gegenwart von Stoffen, welche an der Reaktion nicht so teilnehmen, dafs ihre Menge und Natur geändert wird, die also nach vollzogener

Reaktion unverändert zurückgewonnen werden. Solche Stoffe heifsen Katalysatoren. Charakteristisch für dieselben ist, dafs sehr kleine Mengen hinreichen, um die Geschwindigkeit einer Reaktion sehr bedeutend zu ändern, und dafs natürlich, da sie ja bei der Reaktion nicht verschwinden, keinerlei Verhältnis zwischen ihrer Menge und der Menge der umgesetzten Stoffe besteht. Die Kristallisationsgeschwindigkeit ist nun sehr vielfältig durch kleine Mengen anwesender reaktionsfremder Stoffe beeinflufsbar, und man hat sich bei den Versuchen mit Vorteil dieser Beschleuniger bedient. Von französischen Forschern sind dieselben als »agents minéralisateurs« bezeichnet worden. Folgende Liste von Mineralnachbildungen gehören hierher.[1])

Schafhäutl erhielt Quarz, indem er amorphe Kieselsäure mit Wasser acht Tage lang etwas über 100° C erhitzte.

Bruhns erhielt Eisenglanz, indem er amorphes Eisenoxyd mit Wasser und etwas Fluorammonium (agent minéralisateur) acht Tage lang auf 160—180° erhitzte.

Bourgeois erhielt Kalkspat, indem er amorphes Calciumkarbonat mit Salmiaklösung auf 180° erhitzte.

Sénarmont erhielt Schwerspat, indem er frisch gefälltes Baryumsulfat mit salzsäurehaltigem Wasser 60 Stunden lang auf 250° erhitzte u. s. w.

[1]) Vgl. Brauns, Chemische Mineralogie. Leipzig 1896.

Nicht wesentlich verschieden hiervon ist es, wenn man, statt den schon gebildeten amorphen Niederschlag mit Wasser zu erhitzen, diejenigen Stoffe nebst Wasser genügend lange aufeinander wirken läfst, aus denen der Niederschlag entstehen kann. So beobachtete z. B. Dölter die Entstehung von Bleiglanz in einer Röhre, welche mit Chlorblei, Schwefelwasserstoffwasser und etwas kohlensaurem Natron (als agent minéralisateur) beschickt war und fünf Monate gelagert hatte, ebenso entstand aus Eisenspat oder Magneteisen und Schwefelwasserstoffwasser Schwefelkies, nachdem beides im zugeschmolzenen Rohr mehrere Tage lang auf 80° erhitzt worden war.

Ganz allgemein erhält man Niederschläge in Form von ausgebildeten Kristallen, wenn die Lösungen sehr verdünnt sind und sich langsam, z. B. durch Diffusion, mischen. Indem Drevermann auf dem Boden eines Glases Bleinitrat, auf dem eines zweiten Kaliumbichromat ausbreitete, beide Gläser in ein drittes gröfseres einstellte und das ganze mit Wasser anfüllte, konnte er das allmähliche Wachstum von Kristallen von Rotbleierz verfolgen.

Diese Methode hat mit der Art, wie Kristalle schwer löslicher Verbindungen in der Natur entstehen, die gröfste Ähnlichkeit. Ein lehrreiches Beispiel liefert uns hier die Bildung von Schwerspat in der Grube »Güte des Herrn« zu Lautenthal im Harz [1]), auf deren

[1]) Brauns, l. c. S. 358.

Grund eine Soolquelle entspringt, deren mineralische Zusammensetzung die folgende ist:

0,314 g $BaCl_2$, 0,854 $SrCl_2$, 10,5 $CaCl_2$, 3,219 $MgCl_2$, 67,655 NaCl, 0,3 KCl pro Liter.

Mit dieser Quelle treten Grubenwasser zusammen, die schwefelsaure Salze enthalten. Eines derselben enthält im Liter:

0,728 $MgSO_4$ · 0,029 $ZnSO_4$ · 0,780 $MgCl_2$ · 3,905 $CaCl_2$, 8,934 NaCl.

Hier sind also ausgezeichnete Bedingungen zur Mineralbildung vorhanden. Wirklich sieht man nun auch in der genannten Grube bei der Vereinigung beider Wässer Stalaktiten eines kristallinen Gemenges von $Ba\,SO_4$ und $Sr\,SO_4$ entstehen.

Die Entstehung von Niederschlägen durch Vermischen wässeriger Lösungen braucht nicht immer allein das Ergebnis einer doppelten Umsetzung zu sein, vielmehr kann sie auch durch Oxydation oder Reduktion und dergl. kompliziertere Vorgänge bewirkt werden. Solche Fälle kommen in der Natur in ebenso grofser Verbreitung vor wie im Laboratorium. Beispiele: Durch Wirkung von Ferrosulfat auf Kupfersulfat entsteht Kupferoxydul oder Kupfer. Ebenso werden Salze der Edelmetalle reduziert. Aus Ferrosulfat und Kupfersulfat entsteht Pyrit und Kupferkies durch die reduzierende Wirkung verwesender, z. T. auch lebendiger organischer Substanz. Umgekehrt werden die Sulfide durch die Wirkung des Luftsauerstoffs oxydiert und gehen als Sulfate in Lösung. So wird abwechslungsweise Transport und Ablagerung von Mineralsubstanz durch oxydierende atmosphärische und reduzierende organische Einflüsse bewirkt. Aus Schwefelwasserstoff, wie er in vulkanischen Gegenden der Erde entströmt, scheidet sich Schwefel ab, indem er unter Wasserbildung von Sauerstoff aus seiner Verbindung verdrängt wird u. s. f. All diese Vorgänge sind, was ihren Chemismus anbetrifft, sehr leicht verständlich und selbst jedem Anfänger in der Chemie geläufig. Fast immer besteht der einzige Unterschied der natürlichen Präparate gegenüber den künstlichen nur in ihrer Kristallschönheit. Diese aber ist vorwiegend die Folge der Langsamkeit und Stetigkeit der chemischen Prozesse in der Natur und des Alters der entstandenen Produkte.

Da es hier weiter nichts einzusehen gibt, und es nicht unsere Aufgabe sein kann, jedes einzelne armselige Mineral bis in seine möglichen und denkbaren Bildungsverhältnisse hinein zu verfolgen, so mag es mit dem gegebenen allgemeinen Leitfaden genug sein, und widmen wir nur noch den verschiedenen Modifikationen und Hydraten sonst gleich zusammengesetzter Minerale kurz unsere Aufmerksamkeit.

Viele Mineralien kommen in der Natur in zwei verschiedenen Kristallformen vor; z. B. das Calciumkarbonat als Kalkspat und Aragonit. In Berührung mit ihrer gesättigten Lösung können diese beiden

Formen nur bei einer Temperatur beständig sein; überschreitet man dieselbe nach oben oder nach unten, so wird eine der beiden Formen unbeständig und mufs sich in die beständige umwandeln. Allein diese Umwandlung erfolgt häufig mit ganz unmefsbar geringer Geschwindigkeit. So kommt es, dafs sich in der Natur häufig dimorphe Körper in beiden Formen zusammen vorfinden, ohne dafs man von einer Umwandlung etwas merkt. In diesem Fall kann man eine Entscheidung darüber, welche Form die unbeständige ist, dadurch beibringen, dafs man die Löslichkeit beider Formen bestimmt. Auf diesem Wege konnte z. B. Foote[1]) feststellen, dafs bei Temperaturen unter 100° C Aragonit löslicher ist als Kalkspat, als unbeständiger. Nachdem anderseits bekannt ist, dafs Aragonit bei beginnender Rotglut sich von selbst umwandelt in Kalkspat, so folgt, dafs wahrscheinlich bis zum Schmelzpunkt des Calciumkarbonats der Aragonit »metastabil« ist gegenüber Kalkspat.

Dergleichen metastabile Zustände finden sich im Mineralreiche vielfältig. Ich führe als weiteres Beispiel noch die Hydrate des Eisenoxydes an. In den natürlichen Eisenlagern kommen aufser dem wasserfreien Roteisenstein folgende Hydrate vor: Xanthosiderit: $Fe_2 O_3 \cdot 2 H_2 O$, Brauneisenstein $Fe_2 O_3 1\frac{1}{2} H_2 O$, Göthit $Fe_2 O_3 \cdot H_2 O$ und Hydrohämatit $Fe_2 O_3 \frac{1}{2} H_2 O$. Diese verschiedenen Hydrate können nicht alle bei

[1]) Z. physik. Ch. **33**, 740.

derselben Temperatur beständig sein, vielmehr mufs es bei Gegenwart von Wasser bei gewissen Temperaturen Umwandlungspunkte geben von einem Hydrat in das andere, wie dies für leichter lösliche Salzhydrate in weitem Umfang festgestellt worden ist. Macht man aber entsprechende Versuche mit den Eisenoxydhydraten, so bemerkt man keine Umwandlung, offenbar infolge der grofsen Trägheit der Reaktion. Indem Ruff[1]) die Reaktion dadurch beschleunigte, dafs er hohen Druck zu Hilfe nahm, gelang es ihm, aus dem kolloiden wasserhaltigen Eisenoxyd (dem »Gel« des Eisenoxyds nach Bemmelen) mehrere der natürlichen Hydrate darzustellen und ihre Besständigkeitsintervalle annähernd zu bestimmen. Es bildete sich bis zu etwa 42° C aus dem Eisenoxydgel unter Wasser bei einem Druck, der auf 5000 Atm zu schätzen ist, Brauneisenstein, darüber bis zu etwa 62° C Göthit, darüber Hydrohämatit. Die Anwendung des Druckes ändert nach allem, was man über seinen Einflufs teils auf Grund der Beobachtung und auf Grund thermodynamischer Rechnung weifs, wenig an den Existenzgrenzen fester Körper in Berührung mit ihren wässerigen Lösungen. In den Versuchen unterstützt der Druck die Hydratation deshalb, weil sie unter Volumverkleinerung erfolgt.

[1]) Ber. d. Deutsch. chem. Ges. **34**, 3428.

Achte Vorlesung.

Nachdem wir nun betrachtet haben, wie die Gewässer die Steine auslaugen und wie dann durch Vermischung und durch oxydative atmosphärische und durch reduzierende organische Einflüsse in den wässerigen Lösungen Fällungen entstehen, die als schöne Minerale die Oberfläche und die Ritzen der Gesteine erfüllen und schmücken, bleibt uns noch übrig, den grofsen wässerigen Auszug der ganzen Erdoberfläche selber zu untersuchen, der in den Meeren vorliegt.

Das Meerwasser hat allenthalben sehr nahe dieselbe Zusammensetzung. Es enthält durchschnittlich 3,5 % Salze, ist also eine bedeutend konzentriertere Lauge als die Flufswässer, was natürlich, da ja durch die letzteren einerseits beständig feste Substanz zugeführt wird, während anderseits das Wasser aus den Meeren im selben Mafse durch Verdunstung entweicht. So mufs es ersichtlich am Ende dazu kommen, dafs Sättigung eintritt an dem schwerst löslichen Bestandteil, der durch die Flüsse zugeführt wird. Dies wäre das Calcium- und Magnesiumkarbonat. Man hätte also auf dem Meeresboden beständige Ausscheidung von diesen beiden Körpern zu erwarten. Statt dessen zeigt sich, dafs das Meerwasser an ihnen noch nicht einmal gesättigt ist. Dieser Widerspruch klärt sich auf durch die Erfahrung, dafs es im Meer einen gewaltigen Konsumenten für Calciumkarbonat gibt, nämlich alle jene Organismen, welche Gerüste oder Schalen aus diesem Stoff absondern. Sie vermögen Calciumkarbonat aus Wässern abzuscheiden, welche daran nicht gesättigt sind. Dies hat man sich offenbar so vorzustellen, dafs in ihren Geweben die Löslichkeit dieses Salzes bedeutend herabgemindert ist durch die Gegenwart von Ammoniumkarbonat, welches durch den organischen Stoffwechsel entsteht. Ammoniak ist ja das letzte der stickstoffhaltigen Abbauprodukte der Eiweifstoffe, während die Kohlensäure das wohlbekannte Endprodukt der Atmung der Organismen ausmacht. Nach dem Absterben der Organismen verfallen ihre Organe der Verwesung, während die Kalkgerüste zu Boden sinken und mit der Zeit sich zu jenen mächtigen Sedimenten anhäufen, die in den Kalkgebirgen vorliegen. Insofern als das Meerwasser an Kalk nicht gesättigt ist, so sollte man meinen, dafs die Gerüste und Schalen der abgestorbenen Tiere von demselben wieder zum Teil gelöst werden, bis die Sättigung erreicht ist. Dies findet jedenfalls auch statt; aber wo das Meeresleben stark entwickelt ist, da wird dieser nachträgliche Lösungsprozefs überkompensiert durch die Fällung des Kalkes im Körper der Organismen.

Aufserdem tritt im Meer eine relative Verminderung des Kaligehaltes gegenüber dem Flufswasser ein. Dieses Defizit dürfte sich dann wohl in den tonigen Sedimenten wiederfinden. Tonige Substanzen haben ja, wie vom Ackerboden her bekannt ist, ein eigentümliches Absorptionsvermögen für Kali.

Nach diesen Vorbemerkungen möge jetzt die durchschnittliche Zusammensetzung von Flufs- und Meerwasser in Parallele gestellt werden[1]:

<table>
<tr><th>Zusammensetzung des Rückstandes</th><th>$CaCO_3$</th><th>$MgCO_3$</th><th>$CaSO_4$</th><th>$MgSO_4$</th><th>Na_2SO_4</th></tr>
<tr><td>von Flufswasser:</td><td>72,5</td><td>7,5</td><td>6,5</td><td>4,5</td><td>1,0</td></tr>
<tr><td>von Meerwasser:</td><td colspan="2">0,2</td><td>4,5</td><td>6,5</td><td>—</td></tr>
</table>

Zusammensetzung des Rückstandes	$MgCl_2$	NaCl	KCl	SiO_2
von Flufswasser:	—	7,0	0,5	0,5
von Meerwasser:	9,5	78,0	1,0	—

Die Zusammenstellung enthält formal eine Willkürlichkeit insofern, als natürlich ganz in unserem Belieben steht, wie wir ein Kation zwischen zwei Anionen oder zwei Kationen zwischen einem Anion verteilen wollen. In Wirklichkeit bestehen in den

[1]) Vgl. Weinschenk, Grundzüge der Gesteinslehre. Freiburg 1902. S. 67.

verdünnten Lösungen, um die es sich handelt, die Jonen zum gröfsten Teil frei in der Lösung.

Aufser den vorstehend tabellierten Elementen enthält das Meer begreiflicherweise noch alle übrigen, denn alle Stoffe sind bis zu einem gewissen Grade löslich und werden so vom Festland ins Meer verschleppt. Sehr bekannt ist der Jodgehalt des Meerwassers, da er sich in den Algen ansammelt und in deren Asche chemisch sinnenfällig wird. Fluor findet man in den Dampfkesseln transatlantischer Dampfer. Silber wird durch den Kupferbeschlag lang fahrender Seeschiffe an diesem abgeschieden. Selbst Gold und Quecksilber wurde gelegentlich im Meerwasser entdeckt.

Das sind Curiosa, bei denen wir uns nicht aufhalten. Dagegen bietet das Eintrocknen eines Meeresbeckens, welches zur Bildung von Steinsalzlagern führt, ein bedeutendes und reizvolles Problem, dem wir jetzt unsere Aufmerksamkeit zuwenden. Es gehört zu den wenigen chemisch-geologischen Problemen, die heute befriedigend gelöst sind dank den Arbeiten, die van 't Hoff dieser Sache seit fünf Jahren gewidmet hat.

Die Frage ist die, welche Salze kristallisieren und in welcher Reihenfolge geschieht dies, wenn Meerwasser bei dieser oder jener Temperatur eintrocknet?

Dafs hierauf nicht ohne weiteres eine vollständige Antwort zu geben ist, wird bald einleuchtend, wenn man die Fülle von Mineralien überblickt, welche ein vollständiges Steinsalzlager ausmachen, wie es dasjenige von Stafsfurt ist. Man vereinigt die Schichten desselben gewöhnlich zu vier Regionen. Die beiden unteren bestehen aus Kochsalz, die durchzogen sind von Schichten von Anhydrit ($CaSO_4$), bezw. Polyhalit ($2\,CaSO_4 \cdot MgSO_4 \cdot K_2SO_4 \cdot 2\,H_2O$). Die beiden oberen werden nach Magnesiumverbindungen benannt, indem hier neben Kochsalz Kieserit ($MgSO_4 \cdot H_2O$) und Karnallit ($MgCl_3K \cdot 6\,H_2O$) vorkommen. Dazu gesellen sich nun noch eine grofse Reihe untergeordneter Mineralien, von denen beispielsweise genannt seien:

Bischofit	$MgCl_2 \cdot 6\,H_2O$
Bittersalz	$MgSO_4 \cdot 7\,H_2O$
Sylvin	KCl
Kainit	$MgSO_4 \cdot KCl \cdot 3\,H_2O$
Glaserit	$Na_2SO_4 \cdot 3\,K_2SO_4$
Astrakanit	$Na_2Mg(SO_4)_2\,4\,H_2O$
Löweit	$Na_2Mg(SO_4)_2\,2\,H_2O$
Schönit	$K_2Mg(SO_4)_2\,6\,H_2O$ u. s. w.

Man sollte meinen, es sei nicht schwer, das Nebeneinander und Nacheinander dieser Minerale durch den Versuch nachzuahmen, indem man einfach Meerwasser bei dieser und jener Temperatur verdunstet. Ein derartiger Versuch ist schon vor geraumer Zeit von Usiglio unternommen worden, indessen mit nur unvollständigem Erfolg. Er erhielt neben Kochsalz zunächst Gips, dann aus den folgenden Mutterlaugen

Bittersalz ($MgSO_4 \cdot 7 H_2O$), Schönit ($K_2Mg(SO_4)_2 6 H_2O$), Karnallit ($MgCl_3K \cdot 6 H_2O$) und Bischofit ($MgCl_2 \cdot 6 H_2O$). Die Temperatur liefs Usiglio, der täglichen Periode folgend, hin- und herschwanken.

Heute weifs man aber, dafs die Temperatur auf die Art der Salzausscheidungen aus wässerigen Lösungen einen wesentlichen Einflufs hat, sobald sich Doppelsalze und Hydrate bilden können. Ich brauche nur daran zu erinnern, dafs aus Natriumsulfatlösungen entweder Glaubersalz oder Thenardit (Na_2SO_4) auskristallisiert, je nachdem die Temperatur oberhalb oder unterhalb 33° C liegt. Ähnlich erhält man unterhalb 21,5° C aus einer gemischten Lösung von Natrium- und Magnesiumsulfat Glaubersalz und Bittersalz, oberhalb dieser Temperatur dagegen Astrakanit ($Na_2Mg(SO_4)_2 4 H_2O$) und eines der beiden Einzelsalze. Nur bei einer Temperatur, können beide Hydrate oder, im anderen Beispiel, das Doppelsatz mit seinen beiden Komponenten und den entsprechenden gesättigten Lösungen zusammen bestehen. Man nennt diese Temperatur nach van 't Hoff den Umwandlungspunkt.

Demnach wird man, um einen klaren Einblick zu erhalten, das Meerwasser vor allem bei konstanten Temperaturen einengen müssen.

Allein auch bei diesem Verfahren bekäme man nur ein unvollständiges Bild. Dies hängt damit zusammen, dafs sich leicht Übersättigungen bilden, so dafs aus der eingeengten Lösung ein Salz, woran die Lösung gesättigt ist, doch nicht kristallisiert. Zwar kann man im allgemeinen in übersättigten Lösungen die Kristallisation dadurch hervorbringen, dafs man Kristallkeime des betreffenden Salzes in die Lösung einrührt. Allein auch das begegnet manchmal experimentellen Schwierigkeiten, wenn die Kristallisationsgeschwindigkeit so klein ist, dafs man das Ergebnis nicht abwarten kann.

Nun gibt es aber einen anderen Weg, der von diesen Unzulänglichkeiten frei ist, und zugleich den Vorteil weit gröfserer Allgemeinheit besitzt, da bei seiner Verfolgung die Einengung eines gegebenen Meerwassers nur als ein spezieller Fall auftritt. Dieser Weg besteht darin, die Löslichkeit aller vorkommenden Verbindungen, sowohl jeder für sich, als paarweise, als zu dritt und zu viert, systematisch zu bestimmen. Dieser Mühe unterzog sich van 't Hoff mit seinen Schülern, und er vereinigte schliefslich seine gesamten Ermittelungen zu einem Modell, das ich Ihnen hier vorführe (den Grundrifs desselben bietet Fig. 18). Es ist da die Sättigung einer wässerigen Lösung, welche Kochsalz, Magnesiumsulfat, Magnesiumchlorid und Chlorkalium enthält, an Kochsalz plus einem, zwei oder drei Salzen, die aus der Lösung auskristallisieren können, wiedergegeben durch ein System von Flächen als Funktionen der Zusammensetzung der Lösung. Das Modell bezieht sich auf calciumfreie Lösungen,

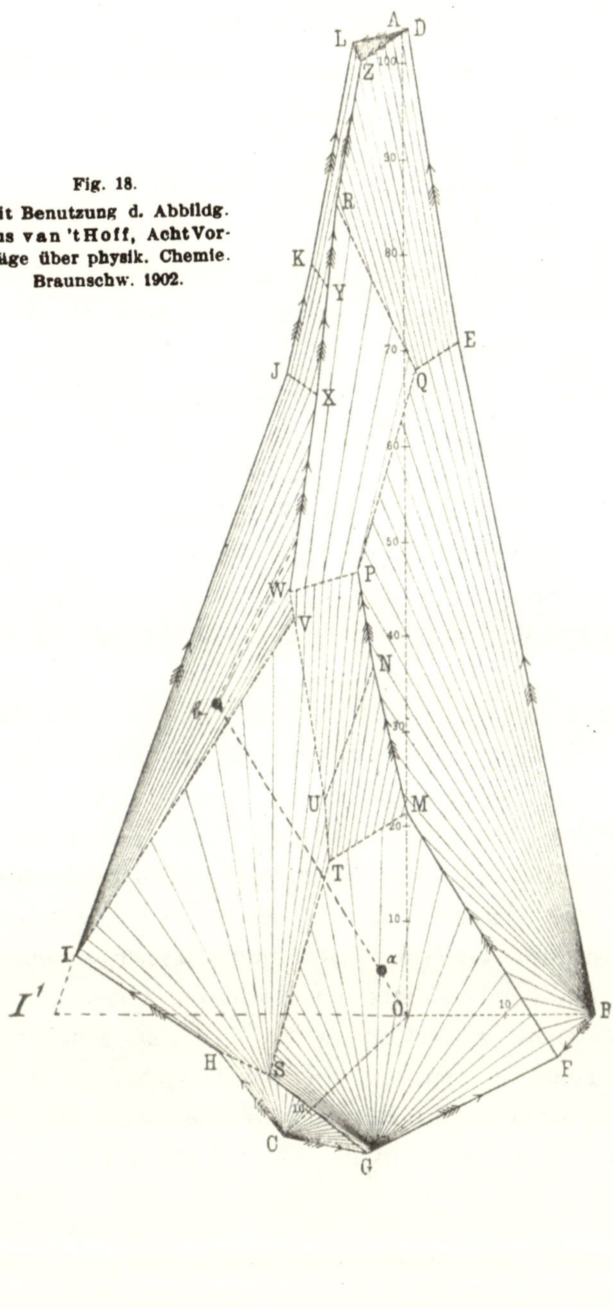

Fig. 18.

Mit Benutzung d. Abbildg. aus van 't Hoff, Acht Vorträge über physik. Chemie. Braunschw. 1902.

also auf die beiden oberen Regionen des Stafsfurter Salzlagers. Es gilt für die Temperatur von 25° C, und es ist folgendermafsen konstruiert.

Vom Ursprung *O* wird die KCl-Menge der Lösungen in doppelt molarer Einheit nach rechts (Richtung *OB*) aufgetragen, die $MgSO_4$-Menge in molarer Einheit nach links (Richtung *OI'*) und die $MgCl_2$-Menge ebenfalls molar dazu senkrecht (Richtung *OA*). Auf der so definierten Ebene wird in jedem Punkt eine Senkrechte errichtet und an dieser die Summe der durch die horizontalen Abmessungen gegebenen Einzelmengen abgetragen. Ferner wird bestimmt, dafs der Ursprung *O* der Sättigung einer reinen Kochsalzlösung entsprechen soll, und es werden nun diejenigen Raumpunkte abgemessen, die gesättigt sind an Kochsalz plus einem oder zwei oder drei anderen Salzen. Man findet nun zunnächst im Punkte *B* Sättigung an Kochsalz und Chlorkalium, und im Punkte *A* Sättigung an Kochsalz und Chlormagnesium. Gleichzeitige Sättigung an NaCl und $MgSO_4 \cdot 7H_2O$, oder an NaCl und K_2SO_4 ist dagegen bei 25° nicht herstellbar, da statt dessen Sättigung eintritt an Kochsalz und Astrakanit, bezw. Kochsalz und Glaserit. Wohl aber ist Sättigung möglich an NaCl und Na_2SO_4. Daher mufs man in der Ebene *I'OBA* noch eine weitere Achse bestimmen, auf welcher der Gehalt an Na_2SO_4 abgetragen wird. Für diese Achse steht das Gebiet der Ebene unterhalb der Linie *I'OA* frei. Ihre Richtung ist zunächst willkürlich; wenn man aber die Verlängerung von *AO* über *O* hinaus als negative $Mg\,Cl_2$-Mengen betrachtet, so bestimmt sich für die Richtung der $Na_2\,SO_4$-Achse die Linie *OC*, welche den Winkel *AOB* halbiert. Denn man könnte die Menge $Na_2\,SO_4$ darstellen durch die Gleichung: $Na_2\,SO_4 = Na_2\,Cl_2 + Mg\,SO_4 - Mg\,Cl_2$.[1])

Nachdem der Plan so vorbereitet ist, erfolgt die Aussteckung der an drei und vier Salzen gesättigten Lösungen mit Hilfe der Löslichkeitsdaten der folgenden Tabelle (van 't Hoff: Acht Vorträge über physikalische Chemie, Braunschweig 1902, S. 76):

Sättigung an Chlornatrium und	auf 1000 Mol. H_2O in Mol.				
	Na_2Cl_2	K_2Cl_2	$MgCl_2$	$MgSO_4$	Na_2SO_4
O. —	55½	—	—	—	—
A. $MgCl_2 \cdot 6\,H_2O$	2½	—	103	—	—
B. KCl	44½	19½	—	—	—
C. Na_2SO_4	51	—	—	—	12½
D. $MgCl_2 \cdot 6\,H_2O$, Karnallit	1	½	103½	—	—
E. KCl, Karnallit	2	5½	70½	—	—
F. KCl, Glaserit	44	20	—	—	4½
G. Na_2SO_4, Glaserit	44½	10½	—	—	14½
H. Na_2SO_4, Astrakanit	46	—	—	16½	3
I. $MgSO_4 \cdot 7\,H_2O$, Astrakanit	26	—	7	34	—
J. $MgSO_4 \cdot 7\,H_2O$, $MgSO_4 \cdot 6H_2O$	4	—	67½	12	—
K. $MgSO_4 \cdot 6\,H_2O$, Kieserit	2½	—	79	9½	—

[1]) Der Punkt *C* entspricht also einer Lösung, welche gesättigt ist an NaCl und außerdem eine gewisse Menge $MgSO_4$ und eine äquivalente negative Menge $MgCl_2$ enthielte. Das ist dann eben eine gewisse positive Menge $Na_2\,SO_4$.

Sättigung an Chlornatrium und	auf 1000 Moll. H_2O in Mol.				
	Na_2Cl_2	K_2Cl_2	$MgCl_2$	$MgSO_4$	Na_2SO_4
L. Kieserit, $MgCl_2 . 6 H_2O$	1	—	102	5	—
M. KCl, Glaserit, Schönit	23	14	21½	14	—
N. KCl, Schönit, Leonit	14	11	37	14½	—
P. KCl, Leonit, Kainit	9	9½	47	14½	—
Q. KCl, Kainit, Karnallit......	2½	6	68	5	—
R. Karnallit, Kainit, Kieserit ..	½	1	85½	8	—
S. Na_2SO_4, Glaserit, Astrakanit	42	8	—	16	6
T. Glaserit, Astrakanit, Schönit	27½	10½	16½	18½	—
U. Leonit, Astrakanit, Schönit.	22	10½	23	19	—
V. Leonit, Astrakanit, $MgSO_4$ $7 H_2O$	10½	7½	42	19	—
W. Leonit, Kainit, $MgSO_4 \cdot 7 H_2O$	9	7½	45	19½	—
X. $MgSO_4 \cdot 6 H_2O$, Kainit, $MgSO_4 \cdot 7 H_2O$	3½	4	65½	13	—
Y. $MgSO_4 \cdot 6 H_2O$, Kainit, Kieserit	1½	2	77	10	—
Z. Karnallit, $Mg \cdot 6 H_2 Cl_2 O$, Kieserit	0	½	100	5	—

Die so festgelegten Sättigungspunkte *A* bis *Z* werden jetzt durch gerade Linien verbunden und durch diese Flächen gelegt.[1]) Die Flächen entsprechen der Sättigung an Na Cl und e i n e m anderen Salz, die

[1]) In diesem Verfahren liegt, wie sofort bemerkt werden soll, eine Vernachlässigung, da die Geraden in Wirklichkeit Kurven sind. Indessen erreicht man durch Ziehen von Geraden eine für den Zweck des Modells, nämlich die Verfolgung des Kristallisationsganges, genügende Anäherung in die Wirklichkeit. Durch diese Vernachlässigung erhält der Anblick des Modells einige scheinbare Widersinnigkeiten. Z. B. ist der e i n w ä r t s gerichtete Knick bei *J* unmöglich. Aber er ist eben nur scheinbar einwärts gerichtet und würde sich als auswärts gerichtet darstellen, wenn die Geraden *IJ* und *JK* als Kurven gezeichnet wären, wie sie es wirklich sind.

Schnittlinien an deren zweien, die Schnittpunkte an dreien. Die Felder beziehen sich auf die nachfolgenden Körper:

Feld	Formel	Mineralogische Bezeichnung
1. *ALZD*	$MgCl_2 . 6H_2O$	Bischofit
2. *BFMNPQE*	KCl	Sylvin
3. *CGSH*	Na_2SO_4	Thenardit
4. *DZRQE*	$MgCl_2K . 6H_2O$	Karnallit
5. *FMTSG*	$K_3Na(SO_4)_2$	Glaserit
6. *SHIVUT*	$Na_2Mg(SO_4)_2 4H_2O$	Astrakanit
7. *JXWVI*	$MgSO_4 . 7H_2O$	Reichardtit
8. *JXYK*	$MgSO_4 . 6H_2O$	Nicht gefunden
9. *KYRZL*	$MgSO_4 . H_2O$	Kieserit
10. *TUNM*	$K_2Mg(SO_4)_2 6H_2O$	Schönit
11. *NUVWP*	$K_2Mg(SO_4)_2 4H_2O$	Leonit
12. *PWXYRQ*	$SO_4Mg . KCl . 3H_2O$	Kainit

Der Gebrauch des Modells ist nun der folgende: Wenn irgend eine Lösung vorliegt, welche die Komponenten NaCl, KCl, $MgCl_2$, $MgSO_4$ enthält und an NaCl gesättigt ist, und dieselbe bei 25° C der Einengung unterworfen wird, so wird ihre Zusammensetzung sich fortschreitend verändern, bis sie schliefslich einem Punkte der Sättigungsflächen des Modells entspricht; welchem? kommt auf die ursprüngliche Zusammensetzung der einzuengenden Lösung an. Ist man in einer Sättigungsfläche angekommen, so fällt dasjenige Salz aus, dem das Feld angehört. Der Weg der weiteren Ausscheidung vollzieht sich innerhalb der Sättigungsflächen und strebt einem Punkte zu, an dem die Lösung schliefslich eintrocknet. Der ganze Verlauf ist dadurch vorgezeichnet, dafs die Lösung sich, wie selbstverständlich, in jedem Augenblick in iher Zusammensetzung von derjenigen entfernt, welche nur das enthält, woran sie gesättigt ist.

Dies wenden wir nun auf die Meersalze an. Das Meerwasser setzt sich, wenn es bei 25° C an $NaCl$ gesättigt ist, folgendermafsen zusammen (in molaren, bezw. doppeltmolaren Einheiten gezählt):

$$1000\,H_2O \cdot 47\,Na_2Cl_2 \cdot 1{,}03\,K_2Cl_2 \cdot 7{,}36\,MgCl_2 \cdot 3{,}58\,MgSO_4.$$

Den Ort dieser Zusammensetzung im Modell finden wir, wenn man vom Ursprung $3{,}57 - 1{,}03 = 2{,}54$ in Richtung der $MgSO_4$-Achse und 7,36 in Richtung der $MgCl_2$-Achse fortschreitet und dort eine Senkrechte errichtet von der Höhe $3{,}57 + 1{,}03 + 7{,}36 = 11{,}96$. Wir ziehen nun durch diesen Punkt (*a* im Diagramm), welcher unterhalb der Fläch *STMFG* sich befindet, und den Ursprung eine Gerade. Dieser entlang verändert sich die Zusammensetzung, solange nur $NaCl$ ausfällt, bis die Linie die Reichardtitfläche trifft, im Punkte *b*. Wir finden also, dafs $MgSO_4 \cdot 7\,H_2O$ als zweite Ausscheidung des bei 25° C verdunstenden Meeres auftritt. Weiter verändert sich die Mutterlauge entlang einer der von *I* aus gezogenen Strahlen, bis zum Eintreffen auf der Linie *WX*, wo als dritte Ausscheidung Kainit hinzukommt. Die weitere Verdunstung vollzieht sich nun auf der Linie *WXYRZ*, indem das Heptahydrat durch das Hexahydrat und schliefslich durch Kieserit abgelöst wird, und auf den Kainit Karnallit und schliefslich Bischofit folgt. Bei *Z* trocknet die Lösung ganz ein. Dies ist der Kristallisationsendpunkt. Er hat die Eigenschaft, dafs die Lösung sich von ihm nicht entfernen kann, ohne sich einem der Körper, an denen sie gesättigt ist, zu nähern, was dem Sinne der Kristallisation widerspricht. Die Lösung trocknet hier auf, ohne ihre Zusammensetzung weiter zu ändern.

Versucht man nun, diesen Gang durch den Versuch im Laboratorium zu bestätigen, so kommt man nur zu einer teilweisen Übereinstimmung, indem nämlich Kainit und Kieserit ausbleiben. Die Lösungen bleiben an diesen Körpern beständig übersättigt. Ihre Felder werden überlagert durch die Bittersalz-, bezw. Syldinfelder und durch Felder für $MgSO_4 \cdot 5H_2O$ und $MgSO_4 \cdot 4H_2O$. Demgemäfs ist die beobachtete Reihenfolge[1]):

1. $NaCl$,
2. $NaCl + MgSO_4 \cdot 7K_2O$,
3. $NaCl + MgSO_4 \cdot 6H_2O$,
4. $NaCl + MgSO_4 \cdot 6H_2O + KCl$,
5. $NaCl + MgSO_4 \cdot 5H_2O + KCl$,

[1]) van't Hoff u. Meyerhoffer, Sitz.-Ber. der Berl. Akad. 1899. I, 372.

6. $NaCl + MgSO_4 \cdot 4H_2O$ + Karnallit,
7. $NaCl + MgSO_4 \cdot 4H_2O$ + Karnallit + $MgCl_2 \cdot 6H_2O$.

Dabei mufs man im Laboratorium dafür Sorge tragen, dafs nach Überschreitung einer Grenzlinie die ausgeschiedenen Salze von der Mutterlauge abgeschöpft werden, da sie sonst wieder in Lösung gehen. D. h. es würde sich beispielsweise das vorher ausgeschiedene $MgSO_4 \cdot 7H_2O$ später in das Hydrat mit $6H_2O$ umwandeln, weil beide miteinander im allgemeinen unverträglich sind. In der Natur erhalten sich die verschiedenen miteinander unverträglichen Bodenkörper doch, weil sie alsbald überkrustet und dadurch der Berührung mit der Lösung entzogen werden.[1])

Wäre mithin Meerwasser von der Zusammensetzung, wie wir es heute in den Weltmeeren vor uns haben, nur bei 25° eingetrocknet und hätten sich nach vollendeter Eintrocknung durch lokale Wiederauflösung sekundäre Änderungen nicht ergeben, so dürften, von Kalksalzen abgesehen, in den Salzlagern neben Kochsalz nur auftreten: Reichhardtit, Kainit, Kieserit, Karnallit, Bischofit.

---

[1]) Im Sinne der Phasenlehre sind die Punkte mit vier festen Phasen (*H* bis *Z*) vollständige Gleichgewichte. Denn wir haben 5 Bestandteile: KCl, $NaCl$, $MgCl_2$, $MgSO_4$, H_2O. — Na_2SO_4 ist nicht Bestandteil, da es durch die übrigen ausdrückbar ist.

Andere Mineralien sind bei 25° C nur möglich, wenn man von anderen Ursprungslösungen ausgeht als das Meerwasser der angenommenen Zusammensetzung. Das Modell liefert für jede Ursprungslösung die nötige Anweisung, um den Kristallisationsweg aufzufinden.[1]) Von welcher Zusammensetzung man aber auch ausgehen möge, immer endet die Kristallisation im Punkte *Z*. Derartige, vom primären, oben beschriebenen, abweichende Kristallisationswege werden in den natürlichen Salzlagern mehrfach sekundär durchschritten worden sein durch partielle Auflösungen, die durch die Wirkung der zirkulierenden Wässer entstanden sein mochten. Als ein sekundäres Produkt betrachtet man z. B. den Sylvin. Wo nun dieser auftritt, wird man auch seine Nachbarn Glaserit, Schönit, Leonit erwarten müssen, da diese unter Umständen zur Kristallisationsbahn von Lösungen gehören, deren Bodenkörper Kochsalz und Sylvin sind. Man sieht, wie das Modell namentlich genaue Auskunft über das Zusammenvorkommen der Salzmineralien gibt.

Festzuhalten ist aber immer, dafs das Modell nur für 25° gilt, und dafs andere Verhältnisse eintreten, wenn dies sich ändert. Nun fehlen im Modell zwei Mineralien, welche in Stafsfurt vorkommen: nämlich Langbeinit $[(SO_4)_3 Mg_2 K_2]$ und Löweit $[(SO_4)_2$

[1]) In dem Diagramm sind die Kristallisationsbahnen durch Leitstrahlen und Pfeile angedeutet.

$Mg Na_2 \cdot 2 H_2 O]$. Diese müssen sich bei höherer Temperatur gebildet haben, denn bei 25° zerfallen sie folgendermaſsen:

$$(SO_4)_3 Mg_2 K_2 + 11 H_2O = SO_4 Mg \cdot 7 H_2O + (SO_4)_2 Mg K_2 \cdot 4 H_2O$$

Langbeinit Leonit

$$(SO_4)_2 Mg Na_2 \cdot 2 H_2O + 2 H_2O = (SO_4)_2 Mg Na_2 \cdot 4 H_2O$$

Löweit Astrakanit.

Dieser Zerfall wird bei einer gewissen Temperatur aufhören, nämlich der Umwandlungstemperatur. Um diese z. B. für Langbeinit kennen zu lernen, für den Fall von Lösungen, welche zugleich an Kochsalz und Kainit gesättigt sind, erwärmen wir Lösung *W* zusammen mit ihren Bodenkörpern. Die gesuchte Umwandlung sieht man dann eintreten bei 37° C. Ähnlich findet sich für Löweit eine tiefste Bildungstemperatur bei 43° C. So warm muſs also eine Mutterlauge, aus der sich diese Mineralien abgesetzt haben, mindestens gewesen sein.

Auf noch höhere Temperaturen weist das in Staſsfurt vorkommende sog. Hartsalz hin, eine Assoziation von Kieserit und Sylvin. Bei 25° kann es sich nicht gebildet haben, da daselbst Kieserit von Sylvin durch das Karnallitfeld getrennt sind. Dieses wird aber bei höheren Temperaturen immer schmäler und keilt schlieſslich ganz aus, so daſs dann die Kieserit- und Sylvinfelder zusammenstoſsen. Dies findet statt bei etwa 70°, »wohl der höchsten Temperatur, von der bis jetzt auf diesem Gebiete sichere Andeutung vorliegt« (van 't Hoff).

Sie erkennen jetzt die Methode, meine Herren. Dafs dieselbe auf die unteren Steinsalzschichten ohne Abänderung übertragen werden kann, ist leicht ersichtlich. Wir wollen uns aber nicht weiter in die Einzelheiten vertiefen. Nur will ich anführen, dafs van 't Hoff die Umwandlungstemperatur von Gips in Anhydrit unter ihrer gesättigten Lösung zu 60° bestimmt hat, und dafs diese Umwandlung in gesättigter Kochsalzlösung schon bei etwa 30° sich vollzieht. Unterhalb dieser Temperatur fällt also neben Kochsalz, Gips, oberhalb derselben Anhydrit aus einer Lösung, die an beidem gesättigt ist. Früher glaubte man, Temperaturen über 100° annehmen zu müssen zur Bildung von Anhydrit.

Neunte Vorlesung.

Heute wollen wir uns über die Entstehung einiger geologischer Ablagerungen orientieren, welche organischen Ursprungs sind. Ich meine das Erdöl und die Kohle. Es führt uns dies bereits in die biologische Chemie, und wir sollten eigentlich die Behandlung dieser Dinge verschieben, bis wir den organischen Stoffwechsel überhaupt kennen gelernt haben. Da sich aber später kaum mehr Gelegenheit bieten möchte, darauf zurückzukommen und sich anderseits diese Vorgänge als geologische Veränderungen am besten hier anschliefsen, so wollen wir der weiterhin allgemeiner zu behandelnden biologischen Chemie ein wenig vorgreifen.

Über das Erdöl will ich mich kurz fassen. Man sieht darin ein Umwandlungsprodukt tierischer Fette, insbesondere des Fischtrans. Der Grund zu dieser Konjektur wurde durch Versuche von Engler gelegt, welcher fand, dafs die Destillation von Fetten unter Druck in der Tat zu petroleumähnlichen Produkten, nämlich zu Kohlenwasserstoffen, führt. Wenn Tierleichen, insbesondere Fische, unter Ausschlufs von

Luft, also etwa auf dem Boden eines Meeresbeckens, verwesen, so möchten die wenig gärungsfähigen Fette nach der Vergasung und Verflüssigung der Eiweifsstoffe unvergährt zurückbleiben. Der Zerfall der Fettsäuren in Kohlensäure und Kohlenwasserstoff kann dann ähnlich verlaufend vorgestellt werden, wie in dem Englerschen Destillationsversuch. Vielleicht wird diese, von selbst offenbar sehr langsam verlaufende, Reaktion unterstützt durch ein Ferment, das von besonderen, uns noch unbekannten Bakterien erzeugt würde. Diese Annahme wird dadurch nahe gelegt, dafs ja auch alle anderen Zersetzungen organischer Stoffe durch die Fermente besonderer Mikroben bewirkt werden, wovon wir später im Zusammenhang mehr erfahren.

Einige Schwierigkeit empfand man darin, sich so grofse Ansammlungen von Fischleichen vorzustellen, als zur Erzeugung der Petroleumlager der Erde nötig sind. Doch liegt das nur daran, dafs man eben die ungeheure Fruchtbarkeit des Meeres nicht richtig schätzt. Folgende Rechnung Szajnochas[1]) klärt uns darüber auf. Gesetzt, das karpathische Petroleumvorkommen verdanke seinen Ursprung einem Massengrab von Fischen, so wäre es hinreichend gewesen, wenn sich während 2500 Jahren auf dem Boden des ehemaligen galizischen Meeresbeckens so viel Fischleichen ansammelten, als jährlich an den nordischen

[1]) Vgl. Engler, Ber. d. Deutsch. chem. Ges. **33**, 7.

Küsten Heringe gesammelt werden. Dabei ist angenommen, dafs das Fett der Fische zu 50% in Petroleum übergegangen wäre. Zur Entstehung von Massengräbern ist notwendig, dafs an den betreffenden Orten Verhältnisse bestehen, unter denen alle höheren Tiere plötzlich sterben, da sonst die Leichen durch andere Tiere gefressen werden. Gegenwärtig sind solche Bedingungen z. B. in den Tiefen des Schwarzen Meeres gegeben, wo so viel Schwefelwasserstoff vorhanden ist, dafs alle Tiere, die in diese Tiefen gelangen, sofort sterben und zu Boden sinken. Der Schwefelwasserstoff selbst ist das Produkt einer durch besondere Mikroben verursachten Verwesung.

Ist es für die Petroleumbildung aus Fett eine offene Frage, ob sie das Ergebnis einer Gärung ist, die durch Mikroben erregt wird, oder ob die Fette ohne Ferment blofs bei gesteigerter Temperatur in Kohlenwasserstoff und Kohlensäure zerfielen, so kann es für die Verkohlung des Holzes als ausgemacht gelten, dafs sie unter dem Einflufs von Mikroben verläuft. Es handelt sich hier um Prozesse, die im Haushalt der Natur einen bedeutenden Raum einnehmen. Was wird aus den Milliarden Tonnen Cellulose, die alljährlich von den Pflanzen erzeugt werden? Die Antwort lautet dahin, dafs sie zum gröfsten Teil wieder zu dem werden, was sie ursprünglich waren: Kohlensäure und Wasser. Unter besonderen Verhältnissen aber, dann nämlich, wenn bei mangelhaftem

Luftzutritt eine anaërobiotische Verwesung eintritt, führt die Zerstörung der Cellulose zu brennbaren Produkten, teils gasförmigen, wie Wasserstoff und Methan, teils zu festen, wie jene Kohlenwasserstoffe, aus denen sich die fossillen Kohlen zusammensetzen.

Zunächst ein Wort über die aërobe Verwesung der Cellulose. Da, wo der Luftsauerstoff Zutritt hat, sind es Pilze, deren Fermente die Cellulose erst hydrolysieren, dadurch löslich machen und alsbald darauf völlig zu Kohlensäure und Wasser verbrennen. Ein solcher Pilz ist z. B. die Dematophora necatrix, die eine gewisse Krankheit der Weinrebe erregt, deren Wurzeln sie zerstört.[1]) Wird dieser Pilz in einer geeigneten Nährlösung kultiviert, so löst er Filtrierpapier auf und verbrennt es völlig zu Kohlensäure, abgesehen von einem kleinen Anteil, den er als Kohlenhydratnahrung zum Wachstum seines Mycels verwendet.

Ein Beispiel für die Wasserstoffgärung der Cellulose bietet die durch den Bazillus amylobakter (Van Tiegham)[2]) eingeleitete Gärung. Bei Abwesenheit von Sauerstoff zerlegt dieser die Cellulose in Wasserstoff, Kohlensäure und Buttersäure, was man beobachten kann, wenn man den Bazillus in einer passenden Nährlösung kultiviert und ihm Rettichschnitten zur Zerstörung darbietet. Man sieht dann, wie diese im Verlauf von einigen Stunden unter

[1]) Vgl. Duclaux, Traité de Microbiologie. IV, 474 (1901).
[2]) Duclaux, l. c. 442.

Entwickelung der genannten Gase aufgelöst werden. Ein anderer, nicht minder wichtiger Weg der Vergasung der Cellulose ist ihre Zersetzung in Kohlensäure und Methan, welche in schwach alkalischen Mitteln bei Ausschlufs der Luft, z. B. im Mist und im sumpfigen Erdboden, stattfindet, und hervorgerufen wird durch Bakterien, von denen eines kürzlich von Omeliansky[1]) beschrieben wurde. Nach Versuchen von Schlösing[2]) verläuft die anaërobe Gärung des Mistes, wenn man absieht von der Entwickelung von Stickstoff, die durch die denitrifizierenden Bakterien veranlafst wird, so, dafs gleiche Volume Kohlensäure und Methan auftreten. Durch Vergleichung der Gewichtsmengen dieser Gase mit dem Gewichtsverlust des Mistes, an dem der quantitative Versuch ausgeführt wurde, ergab sich ferner, dafs Wasser an der Reaktion teilnimmt, so dafs dieselbe etwa so zu formulieren ist:

$$C_6H_{10}O_5 + H_2O = 3\,CH_4 + 3\,CO_2.$$

Ähnlich verläuft nun die Gärung der Cellulose bei der Torf- und Kohlebildung. Der Unterschied ist nur der, dafs neben dem Methan, noch andere, nämlich feste, Kohlenwasserstoffe auftreten. Nun kennt man freilich zur Zeit noch nicht die Mikroben, welche eine derartige Gärung hervorbringen. Man vermag also die Torfgärung noch nicht im Kulturgefäfs im Laboratorium zu verfolgen; man weifs nur, dafs sich

[1]) Zentralbl. f. Bakteriol. 1902.

[2]) Vgl. Duclaux, l. c. 468.

in den Moorböden auf den verwesenden Pflanzenresten eine grofse Menge verschiedener Bakterien, Kokken und Pilze vorfinden, deren Fermenten man die Verkohlung zuschreiben mufs. Solche Bazillen und Sporen hat jüngst B. Rénault[1]) sogar in Steinkohlen nachweisen können.

Wenn wir nun auch zur Zeit aufserstande sind, diese Arten von Fermentationen quantitativ ins einzelne zu verfolgen, so können wir uns doch ein ungefähres Bild von den Vorgängen machen durch Vergleichung des festen Kohlenwasserstoffs der Kohle mit der Zusammensetzung der Cellulose. In dieser bestehen die Gewichtsverhältnisse: $\frac{O}{C} = \frac{1}{0,9}$ und $\frac{H}{C} = \frac{1}{7,2}$. Dagegen findet Rénault in einem Boghead von Autun die Verhältnisse: $\frac{O}{C} = \frac{1}{80}$ und $\frac{H}{C} = \frac{1}{7,2}$. Es ist also fast aller Sauerstoff verschwunden, während Wasserstoff und Kohlenstoff im selben Verhältnis wie in der Cellulose vorhanden sind. Dies führt für den Boghead zur Bruttoformel C_2H_3, so dafs sich die Gärung etwa durch die Gleichung darstellen läfst:

$$2\,C_2H_{10}O_5 = 2\,C_2H_3 + 5\,CO_2 + 3\,CH_4 + H_2.$$

Für die Zusammensetzung der eigentlichen Steinkohle gibt Rénault die Bruttoformel C_9H_6O und schlägt als Gärungsgleichung vor:

$$4\,C_6H_{10}O_5 = C_9H_6O + 7\,CH_4 + 8\,CO_2 + 3\,H_2O.$$

[1]) Vgl. Duclaux, l. c. 487.

Hierzu mufs indessen bemerkt werden, dafs die Steinkohle jedenfalls nicht allein einen Rückstand von vergorener Cellulose darstellt, sondern in ihr auch noch die Rückstände von Fetten in Gestalt von bituminöser Substanz, ferner Harze und schliefslich die der Technik wohlbekannten Benzolabkömmlinge vorkommen. In diesen letzteren wird man die Rückstände der Eiweifsgärung erkennen müssen, da im Eiweifs Benzolkerne vorkommen. Die genannten Stoffe, nämlich die antiseptischen Benzolderivate und Harze sowie die Fette häufen sich gerade wegen ihrer schweren Vergärbarkeit bei der Verwesung an. Wir haben also neben dem Gärungsrückstand der Cellulose in der Steinkohle noch allerlei unvergorene Reste der sonstigen pflanzlichen Erzeugnisse vor uns. Hierdurch wird die Bündigkeit der obigen Formel sehr eingeschränkt. Einen um so gröfseren Umfang mufs man dann der einfachen Aufspaltung der Cellulose in Methan und Kohlensäure einräumen, wie sie sich bei der anaëroben Gärung des Mistes und in Sümpfen immerfort abspielt.

Nun ist die Cellulose ein Derivat der Stärke, des wohlbekannten ersten organischen Körpers, den die grüne Pflanze aus Kohlensäure und Wasser aufbaut. Somit liegt die Entwickelungsgeschichte des Sumpfgases, das man der Erde entströmen sieht, klar vor unseren Augen. Wir erinnern nur, dafs wir das Methan auf glühenden Weltkörpern antrafen, dafs es bei deren Abkühlung zu Kohlensäure und Wasser verbrannte und erschauen nun den Weg, auf dem die Kohlensäure die rückläufige Metamorphose in Methan zurück durchmacht. Wir werden alsbald zu erörtern haben, welche Rolle dem Sonnenlicht als Energiequelle dieser Reduktion zukommt.

Was den Zerfall der Cellulose in Kohlensäure und Methan angeht, so ist dieser, wie alle Fermentationen, ein mit einem Abfall an freier Energie verlaufender Vorgang. Die Art dieses Zerfalles enthält ein allgemeines Moment, das ich noch hervorheben möchte. Die Cellulose ist gegenüber den beiden Gasen eine mittlere Oxydationsstufe. Nun gibt es eine allgemeine Regel, wonach eine mittlere Verbindungsstufe freiwillig in die beiden äufseren zerfällt, also diesen gegenüber unbeständig ist. So zerfällt ein Aldehyd in Alkohol und Säure, unterchlorigsaures Salz in Chlorid und Chlorat, Kupferchlorür in Kupfer und Kupferchlorid, Hydroperoxyd in Sauerstoff und Wasser u. s. f.[1]) Die bekannteste aller Gärungen, die alkoholische, folgt ebenfalls dieser Regel, indem der Zucker eine mittlere Oxydationsstufe zwischen seinen Zerfallsprodukten, dem Alkohol und der Kohlensäure, einnimmt. Dieser freiwillige Zerfall der mittleren Oxydationsstufe findet immer dann statt, wenn die niedere Oxydationsstufe schwerer zur mittleren Stufe zu

[1]) Luther, Z. Elektrochem. **8**, 579, 654. Z. physik. Ch. **34**, 488; **36**, 385.

oxydieren ist als die mittlere zur höchsten. Im vorliegenden Fall heifst das: Methan ist schwerer zu Cellulose (oder zu Zucker) zu oxydieren, als Cellulose (oder Zucker) zu Kohlensäure. Und es kann thermodynamisch bewiesen werden, dafs immer, wenn solche Verhältnisse vorliegen, der Zerfall der mittleren Oxydationsstufe in die beiden äufseren ein freiwilliger Vorgang ist.

Nächst der Verkohlung, die einen letzten Ausläufer der biologischen Prozesse darstellt, müssen wir nun einen anderen Vorgang ins Auge fassen, der sich zwar nicht durch massenhafte geologische Ablagerungen aufdrängt, sondern im Stillen fortwirkt, trotzdem aber von grofser Bedeutung ist, weil er mit zu den Vorbereitungen gehört, welche die Natur zu treffen hat, bevor das organische Leben sich entfalten kann.

Sie wissen, m. H., dafs die grüne Pflanze Kohlensäure und Wasser zu Zucker bezw. Stärke reduziert, und wir werden sehen, inwiefern von diesem, unter Aufwand von Energie verlaufenden, Vorgang alle weiteren organischen Synthesen abhängen. Nun braucht die grüne Pflanze notwendig zu ihrem Bestehen einige mineralische wasserlösliche Salze, welche ihr im Erdboden oder in den Gewässern geboten werden. Unter anderem gehören zu diesen Salzen solche, welche Ammoniak oder Salpetersäure enthalten. Nun aber kommt der Stickstoff auf der Erde fast nur in elementarer Form vor, und wir müssen uns die Frage vorlegen, ob es in der Natur chemische Vorgänge gibt, die den Stickstoff in seine Wasserstoff- oder Sauerstoffverbindungen überführen. Die Erfahrung lehrt nun, dafs eine geringe Salpetersäurebildung in der Atmosphäre in der Tat beständig vor sich geht. In den atmosphärischen Niederschlägen fehlt die Salpetersäure niemals völlig. Goppelsröder[1]) fand in Basel im Maximum 20 Teile salpetersaures Ammonium auf 1 Million Teile Niederschlag. Man rechnet pro Jahr und Hektar eine Stickstoffzufuhr von 12 kg, die der Boden durch die atmosphärischen Niederschläge gewinnt.

Welches ist nun der Ursprung dieser Salpetersäure? Wahrscheinlich entsteht sie aus Stickoxyd, denn dafs dieses sich aus der Luft bei hoher Temperatur zu bilden vermag, ist bekannt. Wir brauchen uns hier nur zu erinnern an das Auftreten von Salpetersäure bei der Verpuffung von Knallgas mit Stickstoff, ferner in sehr heifsen Öfen, im elektrischen Lichtbogen, im Induktionsfunken u. s. f. Die Verbrennung von Luft zu Stickoxyd, das dann bei der Abkühlung in Stickstoffdioxyd und durch Hinzutreten von Wasser in bekannter Weise in Salpetersäure übergeht, soll jetzt sogar ein technischer Prozefs werden, indem zur Erzeugung der nötigen hohen Temperaturen der elektrische Lichtbogen oder der Funken verwendet wird. Dergleichen hohe Temperaturen sind in der

[1]) Siehe Graham-Ottos Ausführl. Lehrb. d. Chem. II, 2, 151. Braunschweig 1881.

Natur in den elektrischen Entladungen der Blitze sowie in den vulkanischen Essen gegeben. Und wirklich will man auch in den Niederschlägen, welche vulkanischen Eruptionen folgen, sowie in den Gewitterregen einen gesteigerten Salpetersäuregehalt nachgewiesen haben. Vielleicht entsteht Stickoxyd auch ähnlich wie Ozon bei elektrischen Oscillationen.

Was die Theorie der Stickoxydbildung aus Luft bei hoher Temperatur anlangt, so ist dieselbe sehr einfach. Zu jeder Temperatur gehört eine bestimmte Konzentration von Stickoxyd, welche mit der Luft im Gleichgewicht steht gemäfs dem Schema:

$$N_2 + O_2 \rightleftarrows 2\,NO.$$

Und zwar ist die Gleichgewichtskonzentration des NO um so gröfser, je höher die Temperatur ansteigt, weil der Vorgang endotherm ist. Nach Versuchen, die Prof. Muthmann jüngst im hiesigen Institut durchgeführt hat[1]), besteht bei 1800° Gleichgewicht, wenn 3,6 vol.-proz. NO neben Luft vorhanden sind. Nach den bekannten Formeln der chemischen Dynamik läfst sich daraus die Stickoxydkonzentration neben Luft für jede Temperatur ableiten.

Hierin liegt also eine Quelle der Salpetersäure, welche unabhängig vom Leben besteht. Seit es aber Bakterien gibt, tritt diese Bildungsweise zurück gegenüber der biologischen Salpeterbildung durch die nitri-

---

[1]) Muthmann u. Hofer, Ber. d. Deutsch. Gesellsch. **36**, (1903) Heft 2.

fizierenden Bakterien, z. B. Clostridium Pasteurianum (Winogradsky) und Azotobacter chroococcum (Beyerink).[1]) Diese Pilze vermögen den Stickstoff der Luft in Nitrat überzuführen, wenn ihnen eine zuckerhaltige Umgebung zur Verfügung steht. Sie brauchen also dazu jenen originalen organischen Stoff, den Zucker, den die grünen Pflanzen liefern.

Sobald ein Reduktionsmittel, wie Zucker, mit dem man Wasserstoff entwickeln kann, gegeben ist, bietet die Entstehung von Nitrat aus dem Stickstoff der Luft theoretisch keine Schwierigkeit mehr. Dafs sich aus Zucker direkt Wasserstoff abspalten kann, werden wir bei der Buttersäuregärung des Zuckers noch sehen. Sobald man nun aber Wasserstoff zur Verfügung hat, kann sich theoretisch immer auch Ammoniak bilden, da dies ein Vorgang ist, der bei gewöhnlicher Temperatur ca. $0{,}6 \times 96\,540$ Voltcoulomb Arbeit pro Äquivalent liefern kann[1]), also etwa halb so viel wie die Wasserbildung aus den Elementen. Freilich ist die Ammoniaksynthese aus Stickstoff und Wasserstoff immer noch ein experimentelles Problem, doch darf man sagen, dafs das Problematische daran allein in der Auffindung eines geeigneten Katalysators liegt. Platin, Iridium, Eisen, Eisennitrid, Chromnitrid, Lanthan u. s. w. erwiesen sich dazu unfähig. Wir

---

[1]) Vgl. Koch, Stickstoffbindung durch Bakterien. Naturforscherversammlung, Karlsbad 1902.

[1]) Baur, Z. anorg. Ch. **29**, 305.

müssen nun wohl annehmen, dafs eben die nitrifizierenden Bakterien einen solchen Katalysator, nämlich ein entsprechendes Ferment, zur Ammoniaksynthese besitzen. Was dann die Oxydation des Ammoniaks durch den Luftsauerstoff anbetrifft, so ist diese ebenfalls ein freiwilliger Vorgang, zu dessen Beschleunigung bei gewöhnlicher Temperatur der Pilz ein weiteres Ferment, eine Oxydase, bedarf. In diesem Fall verfügen wir auch über ein anorganisches Ferment, das fein verteilte Platin, das sich für Oxydationsbeschleunigungen so vielfach dienlich zeigt. Es ist Kuhlmann[1]) schon vor langer Zeit gelungen, Ammoniak in Salpetersäure zu verwandeln durch Überleiten von Ammoniak und Sauerstoff über erhitztes Platin. Er hat auch nicht verfehlt, darauf aufmerksam zu machen, dafs diese Reaktion eventuell technisch zu verwerten wäre. Leider fehlt bis jetzt noch ein Katalysator für die Ammoniaksynthese, wodurch erst die Nitratgewinnung auf diesem Wege wirtschaftlich bedeutungsvoll würde.

Die Salpeterbildung durch nitrifizierende Bakterien ist landwirtschaftlich von dem höchsten Interesse, und vielleicht stehen wir soeben vor einer tiefgreifenden Umwälzung der Agrikultur, wenn die Versuche, welche bezüglich der Impfung des Ackerbodens mit Stickstoffbakterien allenthalben unternommen werden, zu einem glücklichen Ende führen.[2])

[1]) Lieb. Ann. 39.

[2]) Vgl. »Der Kreislauf der Stickstoffe« in den Verhandlungen der Naturforscherversammlung zu Karlsbad 1902.

Der Salpeterbildung steht in der Natur die Salpeterzersetzung gegenüber, welche das Geschäft von Bakterien ist, die den obigen gerade entgegenwirken. Sie reduzieren Nitrat zu Stickstoff und müssen dazu offenbar dasselbe organische Ausgangsmaterial, nämlich den Zucker, verwenden, den die nitrifizierenden Bakterien zum Aufbau des Nitrates verwenden. Jedenfalls reicht die Reduktionskraft des Zuckers hin, Nitrat zu Nitrit und Ammoniak zu reduzieren, und wenn ein Bazillus den Zucker dazu zu benutzen versteht, was eben einen durch spezifische Fermente vorgezeichneten Stoffwechsel voraussetzt, dann entsteht also Ammoniumnitrit, und dieser Stoff zerfällt, wie man weifs, spontan in Stickstoff und Wasser.

Wir sehen, dafs beiderlei Gärungen: die Nitrifikation, wie die Denitrifikation das Vorhandensein von reduzierter organischer Substanz, die in Form von Cellulose, Stärke und Zucker von den grünen Pflanzen geliefert wird, zur Vorraussetzung haben. Beide Vorgänge halten sich die Wage, und stellen einen Kreislauf des Stickstoffes her, der indessen kein solcher Kreisprozefs ist, bei dem am Ende alles wieder im selben Zustand sich befindet wie zuvor. Vielmehr geschieht dieser Kreislauf auf Kosten der Oxydation des organischen Primärstoffes, der Kohlenhydrate.

Zehnte Vorlesung.

Nachdem wir in voriger Stunde bereits einen Vorgeschmack vom Organischen bekommen haben, gehen wir nun ganz auf dies Gebiet über. Was die chemischen Bestandteile und Erzeugnisse der Organismen anlangt, so darf ich annehmen, dafs Sie über die wichtigsten vorkommenden Klassen von organischen Verbindungen bereits orientiert sind. Die wesentlichsten organischen Stoffe sind bekanntlich die Eiweifse und die Kohlenhydrate. Daneben treten Fette, sowie in untergeordnetem Mafse aromatische und heterocyklische Kohlenstoffverbindungen auf, ferner Aminosäuren und Amide, Ureide und Vertreter aller Klassen aliphatischer Oxydationsprodukte, die zwischen den Kohlehydraten und der Kohlensäure liegen.

Mit Ausnahme der Eiweifskörper kennen Sie, m. H., die chemische Natur der organischen Stoffe teils aus den elementaren Vorlesungen, teils sind Sie mit Vertretern der einzelnen Klassen durch eigene Handhabung im Laboratorium vertraut geworden. Bevor wir zur Betrachtung des Stoffwechsels übergehen, habe ich also wohl nur nötig, die Eiweifse einer kurzen Besprechung zu unterziehen.

Die Eiweifse sind Substanzen, die Kohle, Wasserstoff, Stickstoff, Sauerstoff, meistens Schwefel und zum Teil auch Phosphor enthalten. Sie sind ausgezeichnet durch einige physikalische Eigenschaften, welche ihre Erkennung leicht machen. Am wichtigsten in dieser Hinsicht ist, dafs ihre Lösungen in Wasser durch die tierische Blase oder durch Pergament nicht diffundieren, und dafs diese Lösungen den Charakter der Unbeständigkeit besitzen. Die Eiweifse fallen mit der Zeit aus und bilden dann quellbare Membranen. Werden die frischen löslichen Eiweifse im festen Zustande aufbewahrt, so erfolgt dieselbe Umwandlung in die unlösliche, genauer gesagt, wenig lösliche, aber quellbare Modifikation. Diese Umwandlung kann nicht rückgängig gemacht werden und hat ihre Analoga in der Umwandlung des kolloid löslichen Silbers in unlösliches metallisches Silber, oder in der des Natriumsulfatheptahydrats in das Dekahydrat oder Anhydrid. Die Quellbarkeit besteht in der Aufnahme von Wasser durch den ausgefallenen Eiweifskörper, wobei sich eine feste Lösung von Wasser in Eiweifs entwickelt. Und was die Membranosität anbelangt, so zeigt uns dieselbe wohl eine negative Oberflächenspannung zwischen Wasser und Eiweifsniederschag an. Wenn nämlich an der Berührungsfläche zweier Phasen eine negative Oberflächenspannung auftritt, so wird das

Umgekehrte eintreten von dem, was man gewöhnlich beobachtet. Die beiden Phasen werden dann nicht ihre Berührungsfläche zu verkleinern, sondern zu vergröſsern trachten; die zweite Phase wird sich nicht in Kugeln von der ersten absondern, sondern in Form von Membranen. Wasser und Phenol sind ein typisches Beispiel für den ersten, Wasser und Gelatine für den zweiten Fall. Dieser kommt bei den Eiweiſsen allgemein vor.

Die Verwandlung des löslichen Eiweiſses in den unlöslichen Zustand wird beschleunigt durch Hitze. Erwärmen führt, wie ja bekannt, zur Gerinnung der Eiweiſse. Diese Koagulation durch Hitze, die indessen nur bei den sog. »echten« Eiweiſsen eintritt, wird auch durch Zusatz von Säuren, vielen Metallsalzen, Chloroform oder Äther zur Eiweiſslösung bewirkt, nicht aber durch Alkohol und durch Aussalzen mit Chlorkalium, Ammonsulfat oder Magnesiumsulfat. Zwar werden die Eiweiſslösungen durch diese Reagentien auch gefällt, aber in ihrer wasserlöslichen, unbeständigen Form.

Einige Eiweiſse, wie das Fibrin und Kasein, besitzen sogar drei Modifikationen: die lösliche, in der sie in Blut und Milch vorkommen, sodann eine wenig lösliche, in der sie sehr rasch durch Fermente (Fibrinferment, Labferment) übergeführt werden, schlieſslich die unlösliche, in welche die vorhergehende Modifikation durch Erhitzen, durch Formaldehyd u. s. w.

übergeht. Das erinnert also an die entsprechenden Verhältnisse des Schwefels, bei dem ja auch mehrere amorphe Modifikationen nachgewiesen wurden.

Neben diesen zwei oder drei amorphen Formen der Eiweifse sind von einigen auch noch kristalline bekannt. Unter Umständen gelingt es, die Umwandlung in die quellbare membranöse Modifikation zu verhüten und durch Verdampfen der wässerigen Lösungen die Eiweifse kristallisiert zu erhalten.

Man kann an Eiweifslösungen geringe Gefrierpunktserniedrigungen und geringe osmotische Drucke konstatieren, aus denen ein sehr hohes Molekulargewicht folgt, doch sind diese Bestimmungen sehr unsicher, da geringe Verunreinigungen mit Spuren von Salzen die Bestimmungen sehr fälschen können. Immerhin führen Äquivalentgewichtbestimmungen, ausgeführt am jodierten Serumalbumin[1]), zu Zahlen von derselben Gröfsenordnung, nämlich für Serumalbumin zur Formel $C_{450}\ H_{720}\ N_{116}\ S_6\ O_{140}$ mit dem Gewicht 10166.

Chemisch haben die Eiweifse einen amphoteren Charakter; d. h. sie bilden Salze mit Säuren und Salze mit Basen. Indessen gibt es Eiweifse allein sauren Charakters, wie das Kasein, und solche allein basischen Charakters, wie die Protamine. Ohne weiter auf Fällungs- und Farbenreaktionen einzugehen, die nur analytisches Interesse haben, wollen wir nun die wich-

[1]) Hofmeister u. Kurajeff, Z. physiol. Ch. **26**, 462.

tigsten Eiweifse, tabellarisch geordnet, rasch an uns vorüberziehen lassen[1]):

A. Eigentliche Eiweifse.

I. Albumine. Sie sind kristallisierbar; in Wasser, verdünnten Säuren und Alkalien löslich.

1. Serumalbumin. Im Blut der Wirbeltiere.
2. Eieralbumin (C_{239} H_{386} N_{58} S_2 O_{78}, Hofmeister). Im Hühnereiweifs.
3. Milchalbumin. In der Milch in geringer Menge enthalten.

II. Globuline. In reinem Wasser schwer löslich, dagegen in verdünnten neutralen Salzlösungen löslich. Gehen rascher als die Albumine in die unlösliche Modifikation über. Die Elementarzusammensetzung ist den Albuminen sehr ähnlich.

Serumglobulin, Eierglobulin, Milchglobulin etc.

III. Gerinnende Eiweifse. Gehen durch ein spezifisches Ferment in eine wenig lösliche Modifikation über, darauf durch Erhitzen in eine noch unlöslichere. Die Elementarzusammensetzung ist den Albuminen sehr ähnlich.

1. Fibrinogen. Im Blut. Wird durch die Gerinnung des Blutes zu »Fibrin«.
2. Myosin. Im Muskel. Bewirkt durch seine Gerinnung nach dem Tode die Muskelstarre.
3. Kleber. In den Getreidekörnern.

[1]) Vgl. zum Folgenden: Cohnheim, Chemie der Eiweifskörper. Braunschweig 1901.

IV. Nucleoalbumine. Sie enthalten Phosphor und sind ausgesprochene Säuren. In Wasser wenig löslich. Dagegen sind ihre Salze löslich und in der Hitze nicht koagulierbar.

1. Kasein. Zusammensetzung des Kuhkaseins: C 54, H 7,04, N 15,6, S 0,77, P 0,85. In der Milch als Calciumsalz enthalten. Wird durch das Labferment in Parakasein umgewandelt, dessen Kalksalz unlöslich ist (Vorgang bei der Gerinnung der Milch durch Lab).
2. Vitellin im Eidotter.
3. Phytoglobuline. In den Samen der Leguminosen etc. Sie kommen in dem Endosperm kristallisiert vor.

V. Histone. Starke Basen. Werden von Alkalien gefällt, von Säuren gelöst. Kommen im Organismus verbunden vor mit nicht eiweifsartigen (»prosthetischen«) Gruppen, z. B. mit Nucleinsäure. Die Histone sind sehr stickstoffreich. Mit Salpetersäure reagieren sie nach Art der Albumosen (siehe diese), d. h. sie geben mit ihr einen in der Kälte löslichen Niederschlag.

1. Histon der Thymusdrüse.
2. Globin. Kommt mit Hämatin verbunden als Hämoglobin (siehe unter B. Nucleoproteide) in den roten Blutkörperchen vor.
3. Scombron, Salmon etc. (Histone aus den unreifen Hoden von Fischen).

VI. Protamine. Starke Basen. Geben mit Säuren kristallisierte Salze. Sie enthalten keinen Schwefel, Sie kommen in reifen Hoden von Fischen vor und entstehen aus den Histonen, welche ihrerseits großenteils ihre Substanz aus gelösten Eiweißkörpern der Muskeln entnehmen. Sind schon die Histone besonders einfache Eiweiße, so gilt dies noch mehr von den Protaminen. Das Muskeleiweiß der Fische macht also bei deren Samenreifung eine absteigende Metamorphose durch. Wegen ihrer Einfachheit kommt den Protaminen ein hohes chemisches Interesse zu. In den Fischhoden sind die Protamine als nucleinsaure Salze enthalten.

1. Sturin $C_{30} H_{57} N_{17} O_6$ (im Stör).
2. Salmin $C_{16} H_{29} N_9 O_2$ (im Salm).
3. Clupein $C_{30} H_{57} N_{17} O_6$ (im Häring).

B. Nucleoproteide. So nennt man die Paarungen von Eiweißkörpern mit einer nicht eiweißartigen Gruppe, wie Hämatin und Nucleinsäure. Die Verbindung von Hämatin mit Globin heißt Hämoglobin. Dies ist der rote Farbstoff der Blutkörperchen. Die Verbindungen von Eiweißkörpern mit Nucleinsäure heißen Nucleine; sie bilden den hauptsächlichen Bestandteil der Zellkerne.

C. Glycoproteide. Dies sind Eiweißkörper, die mit einem Kohlehydrat gepaart sind, das beim

Kochen mit Säuren aus ihnen abgespalten wird. Dieses Kohlehydrat erhält eine Amidgruppe; es ist, soweit untersucht, ein Glukosamin (= Chitosamin). Die Glycoproteide bilden die Schleimstoffe (Mucine und Mucoide). Sie werden durch Hitze nicht koaguliert, aber durch die Wirkung der Zeit unlöslich. Ihre Lösungen sind fadenziehend (schleimig). Die Glycoproteide sind Säuren, welche Lakmus röten. Zusammensetzung des Mucins aus der Speicheldrüse des Rindes C 48,8 H 6,8 N 12,3 S 0,84 O 31,2.

D. Albuminoide. Unlöslich in Wasser. Bilden die Gerüstsubstanzen der Tiere. Man unterscheidet: das Collagen der Bindegewebe und der Haut, das Elastin der Sehnen und das Keratin der Nägel, Hufe etc. Das Collagen geht im kochenden Wasser unter hydrolytischer Spaltung in Lösung. Die Lösung enthält Glutin (Leim, Gelatine). Zusammensetzung der Gelatine: C 49,4 H 6,8 N 18 S 0,7 O 25,1. Unter den Spaltprodukten des Leims fehlt das Tyrosin (siehe unten).

E. Enzyme (Fermente). Dies sind eiweifsartige Körper, welche auf organische Prozesse katalytisch wirken, welche also Gärungen veranlassen. Zwar ist noch kein Enzym in einwandfreier Reinheit dargestellt worden, doch sprechen alle Erfahrungen dafür, dafs sie zu den Eiweifsen zu zählen sind, aus denen sie vielleicht durch eine geringe Oxydation entstehen. Die Analysen ergeben einen sehr niedrigen Gehalt an

Stickstoff. Sie sind meist wasserlöslich und verändern sich in wässeriger Lösung beim Kochen unter Verlust ihrer fermentativen Eigenschaften.

Es handelt sich nun darum, etwas über den chemischen Bau der Eiweifse zu erfahren. Hierzu dient uns die Hydrolyse der Eiweifskörper, wie sie durch Säuren, Basen und Fermente des Tier- und Pflanzenorganismus sowie der Bakterien bewirkt wird. Es hat sich dabei ergeben, dafs bei dem Abbau der verschiedenen Eiweifse stets im allgemeinen dieselben kristallisierbaren Stoffe entstehen, jedoch in sehr verschiedenen Mengenverhältnissen.

Die ersten Spaltungsprodukte, welche bei der Hydrolyse auftreten, heifsen Albumosen; sie haben noch die meisten Eigenschaften der natürlichen Eiweifse, nur sind sie nicht mehr koagulierbar und viel schwerer aussalzbar als diese. Nächstdem entstehen bei fortgesetzter Hydrolyse Peptone. Diese sind nicht mehr aussalzbar, zeigen aber noch die meisten Eiweifsreaktionen, namentlich die »Biuretreaktion«, eine Rotfärbung, die auf Zusatz von Kali und etwas Kupfersulfat entsteht. Es scheint, dafs die aus einem gegebenen Eiweifs entstehenden Albumosen nicht, oder doch nicht immer, identisch sind; z. B. entstehen aus Syntonin (Muskeleiweifs, das durch etwas Salzsäure in Lösung gebracht ist) eine Prot- und Heteroalbumose, die sich durch die quantitative Verschiedenheit ihrer Spaltprodukte bedeutend unterscheiden, wie folgende Angaben erkennen lassen[1]):

Die Protalbumose gibt bei weiterer Hydrolyse:

0,27 Histidin, 8,22 Arginin.

Die Heteroalbumose gibt bei weiterer Hydrolyse:

3,35 Histidin, 4,55 Arginin.

Demnach verläuft hier schon die erste Spaltung des Eiweifses etwa so wie die Hydrolyse des Rohrzuckers, wo zwei verschiedene einfache Zucker, Lävulose und Glukose, entstehen. Die Peptone geben bei weiterer Hydrolyse kristallisierbare Produkte, welche keinen Eiweifscharakter mehr haben.

Schaltet man unter den Spaltungsprodukten, wie sie aus Eiweifs durch Kochen mit Salzsäure, durch die Verdauung mit den Enzymen Pepsin, Trypsin, Papajotin, durch Fäulnisbakterien und bei der Hydrolyse des Eiweifses in keimenden Samen entstehen, diejenigen aus, welche etwa aus primären Spaltstücken durch nachträgliche Kondensation gebildet werden, so erhalten wir folgende Tabelle primärer Spaltstücke[2]):

1. Einbasische Monoaminosäuren:

Glycocoll, Amidoessigsäure:

$$CH_2\ NH_2\ COOH.$$

Alanin, α-Amidopropionsäure:

$$CH_3\ CHNH_2\ COOH.$$

[1]) Hart, Z. phys. Ch. **33**, 353.

[2]) Vgl. Hofmeister, Der Bau des Eiweifsmoleküls, Naturforscherversammlung, Karlsbad 1902.

Serin, α-Amido-oxypropionsäure:

$$CH_2 (OH) CHNH_2 COOH.$$

Aminobuttersäure:

$$CH_3 CH_2 CHNH_2 COOH.$$

Aminovaleriansäure:

$$CH_3 (CH_2)_2 CHNH_2 COOH.$$

Leucin, α-Amido-isobutylessigsäure:

$$(CH_3)_2 CH CH_2 CHNH_2 COOH.$$

2. Zweibasische Monoaminosäuren.

Asparaginsäure:

$$COOH CH_2 CHNH_2 COOH.$$

Glutaminsäure:

$$COOH (CH_2)_2 CHNH_2 COOH.$$

3. Diaminosäuren.

Ornithin, 1,4 Diaminovaleriansäure:

$$CH_2 NH_2 (CH_2)_2 CHNH_2 COOH.$$

Lysin, α, ε Diaminocapronsäure:

$$CH_2 NH_2 (CH_2)_3 CHNH_2 COOH.$$

Histidin (Konstitution unbekannt):

$$C_6 H_9 N_3 O_2.$$

4. Guanidinderivat.

Arginin (entsteht sythetisch durch Anlagerung von Cyanamid an Ornithin):

$$NH = \underset{}{\overset{NH_2}{\overset{|}{C}}} - NH - (CH_2)_3 - \overset{NH_2}{\overset{|}{CH}} - COOH.$$

5. Thioaminosäuren:

Cystein: $CH_2 SHCH NH_2 COOH.$

Cystin:

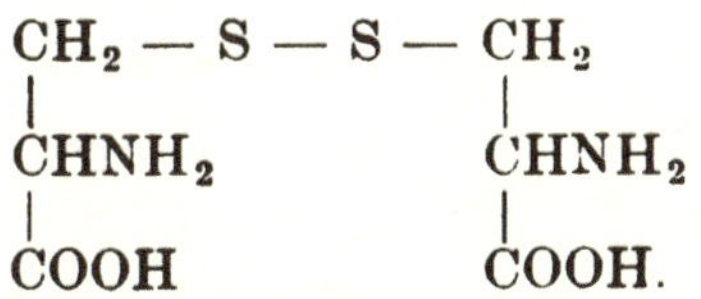

6. Kohlehydrate.

Glukose: $C_6 H_{12} O_6$.

Glukosamin (Chitosamin): $C_6 H_{11} O_5 NH_2$.

7. Aromatische Kerne.

Phenylalanin, Phenyl-α-amidopropionsäure:

$$C_6 H_5 CH_2 CHNH_2 COOH.$$

Tyrosin, p-Hydroxyphenylamidopropionsäure:

$$C_6 H_4 \left\langle \begin{array}{l} OH\ (p) \\ CH_2\ CHNH_2\ COOH. \end{array} \right.$$

8. Heterocyklische Kerne.

Pyrrolidin-α-karbonsäure:

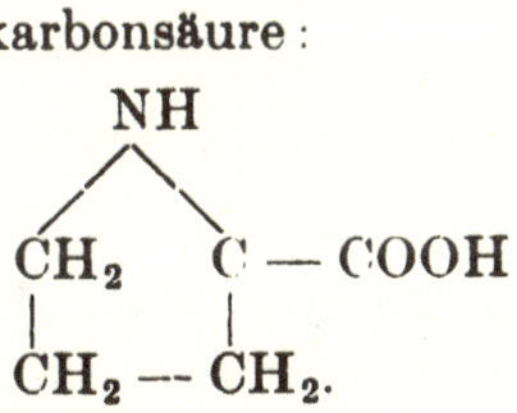

Skatolessigsäure:

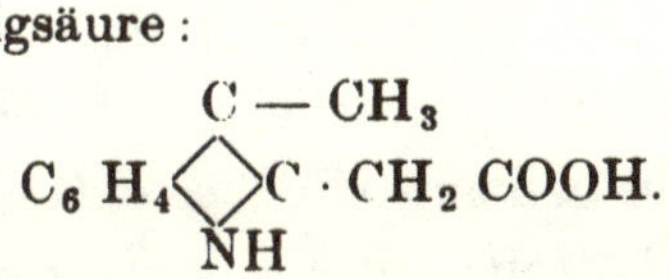

Statt dieser Stoffe erhält man namentlich bei der bakteriellen Hydrolyse zum Teil veränderte Spaltungsstücke, namentlich die nicht amidierten Säuren an Stelle der Aminosäuren, indem aus ihnen Ammoniak abgespalten wird. Man erhält also z. B. Phenylpropionsäure an Stelle von Phenylamidopropionsäure.[1]) Dies geschieht unter Ammoniakabspaltung durch eine eigentümliche Reduktion, welche die Bakterien ausführen und die der Chemiker mit seinen Mitteln noch nicht zu handhaben versteht, die aber offenbar, ebenso wie die entgegengesetzte Reaktion, nämlich die Kondensation von Karbonsäuren mit Ammoniak zu Aminosäuren, von der gröfsten biologischen Bedeutung ist.

Auch die oben aufgeführte Skatolessigsäure, welche gerade bei der Zersetzung des Eiweifses durch Fäulnisbakterien entsteht, stammt wohl auch von einer Skatolaminoessigsäure.[2])

Ferner entstehen bei der bakteriellen Eiweifszersetzung aus dem oben angeführten Ornithin und Lysin durch eine besondere Fermentation unter Kohlensäureabspaltung weiter veränderte Produkte, nämlich die giftigen Basen Putrescin [CH_2 NH_2 $(CH_2)_2$ CH_2 NH_2 = Tetramethylendiamin] und Kadaverin [CH_2 NH_2 $(CH_2)_3$ CH_2 NH_2 = Pentamethylendiamin].[3])

Wird so nach diesen Richtungen das Bild der primären Spaltstücke des Eiweifses bei der bakteriellen Zersetzung derselben entstaltet, so entzieht sich anderseits bei der Hydrolyse des Eiweifses mit Hilfe von Enzymen und siedender Salzsäure eine andere Gruppe,

[1]) E. u. H. Salkowsky, Z. physiol. Chem. 2, 424.
[2]) Nencki, Monatsh. f. Chem. 10, 508.
[3]) Ellinger, Ber. d. Deutsch. chem. Ges. 31, 3183.

nämlich die skatolbildende. An ihrer Stelle tritt das sog. Tryptophan auf, in dem wahrscheinlich der Skatolkern versteckt enthalten ist.

Des vorerwähnten Spaltstücke werden nicht aus allen Eiweifsen gleichmäfsig erhalten; z. B. fehlt Tyrosin dem Leim, während Glukosamin sicher nur in den Mucinen und im Eiereiweifs nachgewiesen ist.[1]) Abgesehen davon ist die absolute Menge der einzelnen Spaltkörper für verschiedene Eiweifse überaus verschieden. Davon gibt die folgende Tabelle von Kossel[2]) einen Überblick:

Man erhält Gewichtsprozente Arginin aus:

Salmin (Lachstestikel)	84,3	
Sturin (Störtestikel) .	58,2	
Histon (Thymusdrüse)	14,4	
Edestin (Hanfsamen) .	14,1	
Leim	9,3	
Syntonin (Rindfleisch)	5,1	
Kasein (Kuhmilch) .	4,8	
Glutenfibrin (Weizen) .	3,1	Alkohollösliche Eiweifse.
Mucedin (Weizen) . .	3,1	
Gliadin (Weizen) . .	2,7	
Zein (Mais)	1,8	

Dem Arginin kommt unter den Spaltkörpern des Eiweifses eine besondere Bedeutung zu, weil das

¹) Vgl. Cohnheim, Chemie der Eiweifskörper. Braunschweig 1901. S. 72.

²) Kossel, Stand der Eiweifschemie, Ber. d. Deutsch. chem. Ges. 34, 3218.

stickstoffhaltige Endprodukt des tierischen Stoffwechsels, der Harnstoff, durch Hydrolyse daraus entsteht, während dieser Stoff aus den Aminosäuren nur durch komplizierte Umlagerungen hervorgehen kann. Insofern Arginin ein primäres Spaltstück der Eiweiſse ist, erkennt man also, daſs der beim Abbau der Eiweiſse im Tierkörper entstehende Harnstoff, bezw. sein Amidoderivat, das Guanidin, im Eiweiſs zum Teil präformiert ist.

Daſs dem Eiweiſs ein substituierter Harnstoff zu Grunde liege, hat zuerst Schützenberger angenommen. Indessen kann immer nur ein Teil des vom Tierkörper ausgeschiedenen Harnstoffs durch Hydrolyse des Eiweiſses entstehen, da, wie man aus der mitgeteilten Tabelle der primären Spaltstücke der Eiweiſse erkennt, ein groſser Teil des Stickstoffs tatsächlich in Form von Aminosäuren im Eiweiſs enthalten ist. Diese letzteren spielen sowohl in Anbetracht ihrer Zahl, als ihrer Menge im Eiweiſsmolekül eine Hauptrolle, wahrscheinlich sogar die Hauptrolle.

Zu beachten ist speziell, daſs die Amidogruppe in den Aminosäuren der Eiweiſse zur Karboxylgruppe in α-Stellung sich befindet. Es drängt sich daher der Gedanke auf, daſs die Gruppe COOH CHNH$_2$ — eine besondere Bedeutung habe, so daſs es geboten erscheint, bei Spekulationen über den mutmaſslichen Zusammenhang der Kerne im Eiweiſs, die α-Aminosäuren zunächst ins Auge zu fassen. Die Frage ist dann die, wie die Aminosäuren miteinander verknüpft sind.

Bei einer darauf gerichteten systematischen Überlegung fand Hofmeister[1]), dafs unter den verschiedenen Arten, wie die Aminosäuren aneinanden gebunden sein können, am meisten die Säureamidbindung in Betracht kommt. Einesteils deswegen, weil sie der Hydrolysierbarkeit der Kondensationsprodukte entspricht, andernteils weil die Gruppe NH_2 im Eiweifs eine geringe Rolle spielt, da salpetrige Säure sehr wenig Stickstoff aus dem Eiweifs entfernt, schliefslich und namentlich deshalb, weil die im Laboratorium ausgeführten Kondensationen von Aminosäuren zu Körpern führen, die manche Eigenschaften der Eiweifse haben, z. B. die Biuretreaktion geben. Diese Kondensationsprodukte aber, welche von E. Fischer[2]) neuerdings Peptide genannt worden sind, enthalten gerade Säureamidbindungen. Die Kondensation geht also nach dem folgenden Formelschema vor sich:

$$NH_2\,CH_2\,CO \quad OH\,H \quad NH\,CH_2\,COOH$$

Glycocoll Glycocoll.

Man sieht leicht ein, dafs diese Kondensation unbeschränkt fortgesetzt werden kann. In der Tat enthält ein derartiges von Curtius hergestelltes Kon-

---

[1]) Bau des Eiweifsmoleküls. Naturforscherversammlung Karlsbad 1902.

[2]) Naturforscherversammlung Karlsbad 1902.

densationsprodukt sieben Glycocoll-Moleküle und hat dementsprechend die Konstitution:

$$NH_2CH_2CO \cdot NH\,CH_2CO \cdot NH\,CH_2CO \cdot NH\,CH_2CO \cdot NH\,CH_2CO \cdot NH\,CH_2CO \cdot NH\,CH_2CO \cdot OR.$$

Sehr merkwürdig ist, dafs diese, die Biuretreaktion gebende Base durch Trypsin gespalten wird, also gewissermafsen verdaut, wie die Eiweifse. Anderseits weifs man aus physiologischen Erfahrungen, dafs die Säureamidbindung im Organismus häufig bewirkt wird. Z. B. erscheint nach Darreichung von Benzoësäure im Harn Hippursäure, wobei wir den Vorgang haben:

$$\underset{\text{Benzoësäure}}{C_6H_5CO\,OH} + \underset{\text{Glycocoll}}{H\,NH\,CH_2COOH} = \underset{\text{Hippursäure.}}{C_6H_5CO\,NH\,CH_2COOH} + H_2O$$

Auch dafs man bei der tryptischen Verdauung von Eiweifskörpern (z. B. Hämoglobin) manchmal das sog. Leucinimid findet, eine Kondensation von zwei Molekülen Leucin, kann als Beweis für Säureamidbindungen im Eiweifsmolekül gelten. Denn das Leucinimid zeigt diese Bindungsart zweimal:

$$\begin{array}{l} C_4H_9 \cdot CH - CO - NH \\ \qquad\quad\; | \qquad\qquad\quad | \\ \qquad\quad NH - CO - CH \cdot C_4H_9, \end{array}$$

und es ist höchstens die eine von beiden nachträglich während der Verdauung entstanden, die andere aber im Eiweifs gegeben.

Alles zusammengefafst, erhalten wir als allgemeines Schema der Verknüpfung der Aminosäuren im Eiweifs eine mit Seitenketten versehene Glycylkette, wie etwa die folgende[1]):

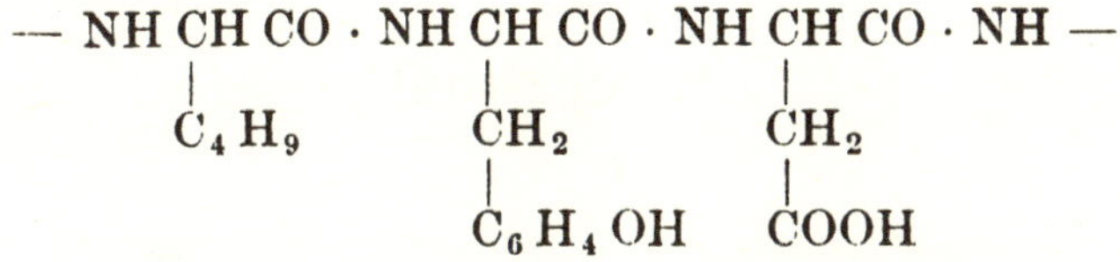

Leucin Tyrosin Asparaginsäure.

Dies, m. H., ist der äufserste Punkt, bis zu dem heute die Erforschung der Chemie der Eiweifse vorgedrungen ist.

---

[1]) Siehe **Hofmeister**, l. c.

Elfte Vorlesung.

In erster Linie wollen wir nun den organischen Abbau der wichtigsten organischen Stoffe kennen lernen. Die Produkte der chemischen Tätigkeit der der Organismen: Zucker, Stärke, Cellulose, Fett, Eiweifs sind an und für sich bei gewöhnlicher Temperatur ganz beständig. Dinge, wie Holz und Leder widerstehen den Jahrhunderten. Trotzdem können alle in weit beständigere Substanzen, nämlich in letzter Linie in Kohlensäure, Wasser und Ammoniak übergeführt werden, und in der Tat sehen wir Zerlegungen dieser Art sowohl innerhalb wie aufserhalb des Organismus bei gewöhnlicher Temperatur vor sich gehen. Es geschieht dies ganz allgemein unter dem Einflufs von Beschleunigern, die sich aus einer Gruppe eigentümlicher Eiweifskörper rekrutieren, welche man die Enzyme oder Fermente nennt. Unter ihrem Einflufs gehen die organischen Materien in G ä r u n g über. Eine Gärung liegt immer vor, wenn eine organische Substanz bei Gegenwart eines Fermentes zerfällt oder sich umlagert in eine oder mehrere andere Substanzen, die beständiger sind als jene. Das Ferment verschwindet bei der Gärung nicht und es besteht keinerlei Verhältnis zwischen der Menge des Fermentes und der Menge der bei seiner Gegenwart vergorenen Substanz. Die Gärungen sind also freiwillige Vorgänge, die eines Aufwandes von Energie nicht bedürfen, und die Rolle des Fermentes kann nicht anders verstanden werden, als die eines Beschleunigers oder Katalysators.

Stoffe, welche Reaktionen beschleunigen, sind auch in der anorganischen Chemie von alters her bekannt, obwohl man erst neuerdings angefangen hat, ihre Wirkung gründlich zu studieren. Beispiele von Katalysen durch anorganische »Fermente« sind die Zerlegung von Wasserstoffperoxyd in Wasser und Sauerstoff durch eine kolloide Platinlösung[1]), die Vereinigung von Wasserstoff und Sauerstoff durch Platinschwamm, die Explosion von Chlorstickstoff durch Terpentinöl, die Inversion von Rohrzucker durch Wasserstoffjon oder durch fein verteiltes Platin[2]), die Zersetzung von Aethylalkohol in Wasserstoff und Essigsäure durch fein verteiltes Rhodium u. a. m.

Der Begriff des Katalysators als eines Stoffes, der nur die Geschwindigkeit einer auch ohnedem, obschon eventuell mit äufserst geringer Geschwindigkeit, verlaufenden Reaktion erhöht, wurde von Berzelius aufgestellt und ist, nachdem er in der

---

[1]) Bredig, Anorgan. Fermente. 1901.

[2]) Sulč, Z. physik. Chem. 21, 481.

Folge mit unglücklichen Zusätzen versehen worden war, in seiner Reinheit durch Ostwald[1]) wiederhergestellt worden. Die Katalysen spielen offenbar im Organismus eine außerordentliche Rolle, da die Kohlenstoffverbindungen bei gewöhnlicher Temperatur für sich höchst langsam reagieren und also ohne die Anwesenheit von Beschleunigern der intensive Stoffwechsel der Organismen nicht denkbar wäre. Gleich jetzt soll bemerkt werden, daſs nicht nur die Zersetzung, sondern auch der Aufbau der organischen Verbindungen durch Enzyme beschleunigt werden kann. Nur muſs es sich beide Male um Vorgänge handeln, welche im Sinne der Verwandtschaftskräfte liegen, also mit einem Abfall an Arbeitsfähigkeit verknüpft sind.

Nachdem das erste faſsbare Erzeugnis des pflanzlichen Stoffwechsels die Stärke ist, so wollen wir zunächst den fermentativen Abbau dieses Stoffes betrachten. Die tagsüber in den grünen Blättern gebildete Stärke verschwindet daraus während der Nacht, um in Wurzeln, Knollen, Samen oder anderen Speicherorten der Pflanze wieder abgelagert zn werden. Während dieses Transportes findet sich die Stärke in gelöster Form, nämlich als Zucker, im Säftestrom. Zur Umwandlung der Stärke in Zucker kommt nun in den Pflanzen weit verbreitet ein Ferment vor,

[1]) Über Katalyse. Vortrag, Naturforscherversammlung, Hamburg 1901.

welches Diastase oder Amylase heifst und das, wie es wohl bekannt ist, zu technischen Zwecken aus der keimenden Gerste gewonnen wird. Ebenso verbreitet, wie in den grünen Pflanzen, ist das verzuckernde Ferment in Pilzen und im Tierkörper. Speziell haben diese Eigenschaft das Ptyalin des Speichels und das diastatische Ferment des Pankreas.

Die Produkte, welche aus der Stärke durch Diastase entstehen, sind Dextrin und Maltose. Man weifs immer noch nicht, ob man diese Hydrolyse als einen oder als zwei Vorgänge ansehen soll, d. h. ob die Stärke zuerst in Dextrin und dieses dann in Malzzucker übergeht oder ob aus der Stärke zugleich teils Dextrin, teils Malzzucker entsteht. Wichtig ist, dafs die Wirkung des Ferments aufhört, wenn eine gewisse, von der Temperatur abhängige, Menge Malzzucker entstanden ist. Man hat also schliefslich ein gewisses Verhältnis von Dextrin und Malzzucker nebeneinander in Lösung. Nimmt man den letzteren weg (durch Inversion), so wirkt die Diastase weiter, bis wieder dasselbe Verhältnis zwischen Zucker und Dextrin hergestellt ist.[1]) Bei höherer Temperatur bildet sich mehr Dextrin als Maltose. Dies sieht so aus, als ob es sich um Gleichgewichte zwischen Dextrin und Maltose handle, Gleichgewichte, die sich mit der Temperatur zugunsten des Dextrins (also zugunsten einer Kondensation) verschieben. Doch ist der Fall

[1]) Payen, Compt. rend. 1865.

noch nicht genügend untersucht, um dies bestimmt aussprechen zu können. Die Untersuchung verwickelt sich durch die rasche Zerstörung der Diastase oberhalb 50° C, ferner dadurch, daſs es verschiedene Dextrine und wohl auch verschiedene Stärkearten gibt, die man nur schwierig unterscheiden kann.

Für die Hydrolyse der Maltose gibt es nun ein weiteres Ferment, die Maltase, die aus getrockneter Hefe oder aus Mais ausgezogen werden kann, übrigens im Tier- und Pflanzenreich in ähnlicher Verbreitung vorkommt wie die Amylase. Dies Enzym verwandelt Maltose in Glukose nach der Gleichung:

$$C_{12} H_{22} O_{11} + H_2O = 2\, C_6 H_{12} O_6.$$

Hier gilt Ähnliches, wie soeben für die Amylase beschrieben. Die Reaktion hört auf, bevor alle Maltose verschwunden ist, wenn ein gewisses, von der Temperatur abhängiges, Konzentrationsverhältnis zwischen Maltose und Glukose eingetreten ist.

Entfernt man die Glukose, so geht die Spaltung weiter. Ja, es hat sogar Croft Hill[1]) bemerkt, daſs umgekehrt Maltose entsteht, wenn zu dem Gleichgewicht bei Gegenwart von Maltase Glukose hinzugesetzt wird. Auch beim Stehenlassen von reiner Glukoselösung mit Maltase bemerkte er Veränderungen,

[1]) Nach Emmerling (Ber. deutsch. chem. Ges. **34**, 600, 2206) ist das synthetische Produkt freilich nicht Maltose, sondern die isomere Isomaltose.

welche als eine Bildung von Maltose angesehen werden durften. Es läge also hier ein Fall vor, wo die Katalyse der beiden Teile einer umkehrbaren Reaktion durch das Ferment, so wie es die Theorie verlangt, zur Beobachtung gelangt wäre.[1])

Das Gleichgewicht zwischen Maltose und Glukose selbst ist ganz ähnlich dem der Verseifung des Aethylesters in Essigsäure und Alkohol nach der Gleichung:

$$C_2\,H_3\,O_2 \cdot C_2\,H_5 + H_2O = C_2\,H_4\,O_2 + C_2\,H_6O,$$

bekanntlich einer den klassischen Fälle der Massenwirkung.

Echte Katalysatoren müssen nicht nur die Einstellung des Gleichgewichts von der einen Seite heran beschleunigen, sondern auch von der anderen, so wie z. B. durch Wasser die Verbindung von Salzsäure und Ammoniak zu Salmiak und auch die Dissoziation des letzteren katalysiert wird. Eine unzweifelhafte reversible Wirkung der Maltase erzielte jüngst Emmerling[2]) am Amygalin, das durch Maltase sowohl in Glukose und Mandelsäurenitrilglukosid gespalten, als auch aus diesen beiden Stoffen aufgebaut werden kann, gemäfs der Gleichung:

$$C_{14}\,H_{17}\,NO_6 + C_6\,H_{12}\,O_6 \rightleftarrows C_{20}\,H_{27}\,NO_{11} + H_2O$$

Mandelsäurenitrilglukosid Amygdalin.

Dafs die Fermentwirkung häufig zu Gleichgewichten führt, oder vorsichtiger ausgedrückt, durch

---

[1]) Journ. chem. Soc. 1898, 634.

[2]) Ber. deutsch. chem. Ges. **34**, 600, 2206.

die Entstehung der Produkte der Fermentation beschränkt wird, hat sich aufser in den besprochenen Fällen der Dextrin- und Maltosehydrolyse noch mehrfach gezeigt, wovon ich als Beispiel die Spaltung des Amygdalins durch ein Ferment, welches Emulsin heifst, anführen will. Die Spaltungsprodukte des Amygdalins sind bei dieser Gärung Traubenzucker, Blausäure und Benzaldehyd und verläuft dieselbe gemäfs der Gleichung:

$$C_{20}H_{27}NO_{11} + 2H_2O = 2C_6H_{12}O_6 + HCN + C_6H_5CHO.$$

Die Spaltung hört auf, wenn eine gewisse Menge von Spaltungsprodukten sich angehäuft haben. Tammann[1]) konnte aber auch feststellen, dafs vom Amygdalin bedeutend weniger zersetzt wird, wenn aufser dem Emulsin eines der Spaltungsprodukte, sei es Glukose oder Blausäure oder Benzaldehyd, dem Amygdalin von vornherein zugesetzt wird.

Nach dieser Abschweifung kehren wir zum Abbau der Kohlenhydrate zurück. Derselbe ist mit der Entstehung der Glukose nicht beendigt. Vielmehr gibt es eine Reihe weiterer Fermente, die denselben fortführen. Vor allem gehört hierher die technisch wichtigste aller Gärungen, die Spaltung von Traubenzucker in Kohlensäure und Alkohol. Sie wird durch ein Ferment bewirkt, die von Buchner dargestellte Zymase.

[1]) Zeitschr. physiol. Chem. **16**, 271 (1892).

Die Hefe, saccharomyces cerevisiae (vergl. Fig. 19), besitzt verschiedene Fermente; schon erwähnten wir die Maltase, die durch Wasser der getrockneten Hefe entzogen werden kann. Ein weiteres Enzym, das aus der Bierhefe durch Ausziehen mit Wasser gewonnen wird, ist das Invertin, ein Ferment, das überhaupt in weiter Verbreitung in Pilzen, in grünen Pflanzen, sowie in tierischen Geweben, namentlich in der Dünn-

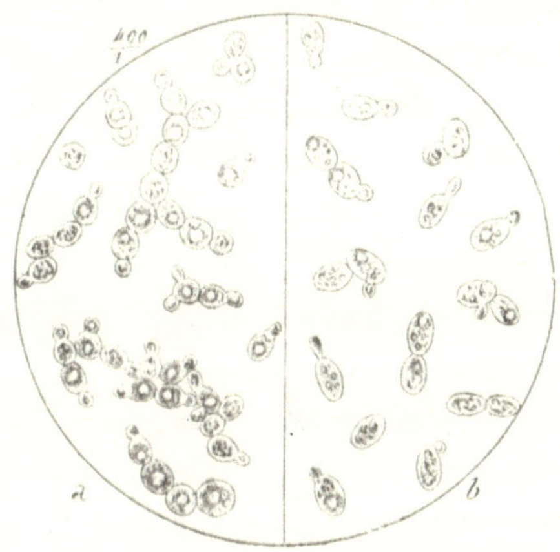

Fig. 19.

darmschleimhaut vorkommt, und dessen Funktion in der Hydrolyse des Rohrzuckers besteht. Ist die Extraktion von Invertin und Maltase aus der Hefe eine leichte Aufgabe, so hat dagegen die Gewinnung der Zymase grofse Schwierigkeiten gemacht. Sie gelingt nur, wenn die Hefezellen mit Quarzpulver zerrieben und dann unter hohem Druck ausgeprefst werden.

Bevor die Darstellung der Zymase gelungen war, hielt man vielfach die alkoholische Gärung für wesentlich verschieden von den bisher erwähnten. Man unterschied nämlich zwischen geformten, lebendigen Fermenten und den ungeformten Enzymen. Es ist ein grofser Fortschritt, dafs man durch die Darstellung der Zymase erkannt hat, dafs eine Fermentation, die bei Gegenwart von Mikroorganismen eintritt, ebenfallls nur von ungeformten Enzymen bewirkt wird. Der Unterschied zwischen der Inversion des Rohrzuckers und der Spaltung des Traubenzuckers in Kohlensäure und Alkohol besteht darnach blofs darin, dafs Invertin aus der Zelle leicht extrahiert werden kann, während Zymase von ihr hartnäckig festgehalten wird. Nachdem für die alkoholische Gärung nachgewiesen ist, dafs sie unabhängig verläuft vom »Leben« der Hefezellen, ist der Schlufs erlaubt, dafs auch bei anderen Gärungen, die durch Mikroben veranlafst werden, sich die Sache ebenso verhält, und dafs es nur eine Frage des experimentellen Kunstgriffes ist, ob wir aus den betreffenden Mikroben die die Gärung beherrschenden Fermente extrahieren können oder nicht.

Die alkoholische Gärung verläuft nach der Gleichung:

$$C_6H_{12}O_6 = 2\,C_2H_6O + 2\,CO_2 + 33000 \text{ cal.}$$

Sie unterscheidet sich von den bisher von uns betrachteten Gärungen dadurch, dafs sie keine Hydrolyse ist, sondern eine Zerlegung einer mittleren Oxydationsstufe in zwei äufsere, ein Vorgang, über dessen allgemeine Beschaffenheit ich mich früher verbreitete. Die alkoholische Gärung ist exotherm, was dem Umstande entspricht, dafs die Mehrzahl der bei gewöhnlicher Temperatur freiwillig verlaufenden chemischen Vorgänge mit Wärmeentwickelung verknüpft sind.

Sehr interessant ist, dafs die alkoholische Gärung auch durch anorganische Fermente hervorgerufen werden kann. Duclaux[1]) fand nämlich, dafs Glukose bei Gegenwart von Alkali alkoholisch zu gären anfängt, und Traube[2]) hat sogar angegeben, dafs Zucker in wässeriger Lösung bei Gegenwart von Platin bei 150° bis 160° in Kohlensäure und Alkohol sich spaltet.

Die alkoholische Gärung findet nicht nur in der Hefezelle statt, sondern läfst sich auch in höheren Pflanzen durch das Auftreten von Alkohol und durch eine Bildung von Kohlensäure nachweisen, die sich auch dann noch fortsetzt, wenn den Pflanzen der atmosphärische Sauerstoff entzogen wird.[3]) Unter normalen Bedingungen wird der in den Pflanzen entstandene Alkohol oxydiert unter der Wirkung von oxydierenden Fermenten, wie solche auch bei Mikroorganismen vorkommen, die wir alsbald kennen lernen werden.

---

[1]) Ann. d. Just. Past. **10**, 168 (1896).

[2]) Gesammelte Abhandl. Berlin 1899.

[3]) Godlewsky u. Poleniusz, Anzeiger der Krakauer Akademie, 1901, S. 227.

Die alkoholische Gärung ist nun nicht der einzige Weg, auf dem der Zucker in einfachere Stoffe zerlegt wird. Da haben wir weiterhin solche Gärungen, bei denen der Zucker sich depolymerisiert. So zerfällt Glukose durch den Bacillus acidi lactici (Hüppe) in Aethylidenmilchsäure:

$$C_6H_{12}O_6 = 2\,C_3H_6O_3$$

und durch den Bacillus orthobutylicus in Essigsäure:

$$C_6H_{12}O_6 = 3\,C_2H_4O_2.$$

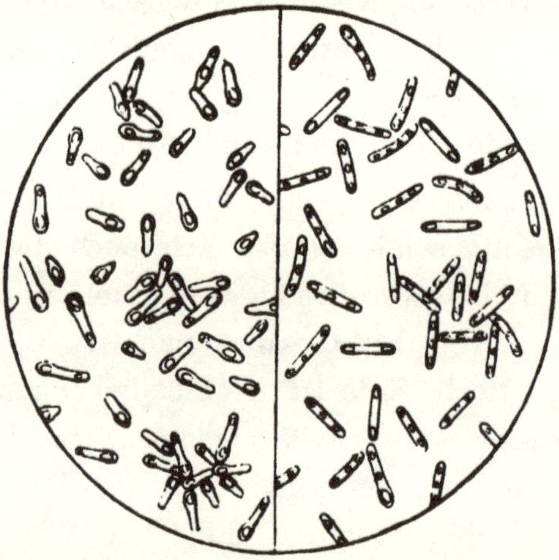

Fig. 20.

Der letztgenannte Bacillus (vergl. Fig. 20) enthält aber offenbar mehrere Enzyme, wie wir dies ja auch bei der Hefe angetroffen haben; denn neben der Essigsäure entstehen bei seiner Gegenwart noch eine Reihe anderer Zersetzungsprodukte, nämlich Buttersäure,

Butylalkohol, Kohlensäure und Wasserstoff, wofür man die folgenden Gleichungen aufstellen kann:

$$C_6H_{12}O_6 = C_4H_{10}O + 2CO_2 + H_2O$$

Butylalkohol

$$C_6H_{12}O_6 = C_4H_8O_2 + 2CO_2 + 4H$$

Buttersäure.

Schliefslich sei noch die Methangärung erwähnt, die der Bacillus saccharobutyricus Klecki bewirkt, entsprechend der Gleichung:

$$C_6H_{12}O_6 = 3CH_4 + 3CO_2.$$

Man sieht, dafs der Zucker eine aufserordentliche Mannigfaltigkeit von Zersetzungsprodukten gewährt. Dies ist physiologisch deshalb hoch bedeutsam, weil der Zucker das Ausgangsmaterial bildet für die Synthese der Eiweifse in der Pflanze. In diesem Sinne ist namentlich die Fermentierung unter Enstehung von Fettsäuren wichtig. Denn wie wir gesehen haben, bilden die Aminofettsäuren das Gerüste des Eiweifsmoleküls. Der Weg vom Zucker zum Eiweifs mufs also wohl über die letzteren weg führen.

Man darf wohl annehmen, dafs in den höheren Pflanzen die Fermente, welche in den Mikroben vereinzelt vorkommen, in grofser Zahl vereinigt enthalten sind, und dafs eben auf diesem Reichtum von Fermenten, welche eine entsprechende Vielfältigkeit der chemischen Prozesse ermöglichen, ihre höhere Organisation beruht. Die Mikroben sind den höheren Pflanzen und Tieren gegenüber Stoffwechselspezialisten und die Gärungen, die sie veranlassen, sind eben deswegen von besonderem wissenschaftlichen Interesse, weil sie uns gestatten, die verschiedenen Wege des organischen Zerfalls, die in den höheren Organismen vermengt vorkommen, einzeln zu verfolgen.

Unter allen Zuckergärungen wissenschaftlich die interessanteste ist diejenige, welche von Tyrothrix tenuis bewirkt wird. Dieser kann unter geeigneten Ernährungsbedingungen so kultiviert werden, dafs er Glukose, welche man ihm als solche darbietet oder die er aus dargebotener Stärke oder Maltose durch hydrolytische Fermente erzeugt, weiter verwandelt in Glycerose, nach der Gleichung:

$$C_6H_{12}O_6 = 2\ CH_2OH\ CHOH\ COH$$

Glycerose.

Dieselbe Glycerose erzeugt er aus Mannose und gleichfalls aus Mannit, nachdem er durch ein oxydierendes Ferment diesen Alkohol zu Mannose oxydiert hat ($C_6H_{14}O_6 + O = C_6H_{12}O_6 + H_2O$). Ebenso vermag Tyrothrix tenuis Glycerin zu Glycerose zu oxydieren:

$$C_3H_8O_3 + O = C_3H_6O_3 + H_2O$$

Glycerin.

Diese Glycerose wird nun im weiteren Verlauf der Gärung durch den Tyrothrix wieder zerstört, und zwar konnte Pérée[1]), dem wir diese Beobachtungen

[1]) Vgl. Duclaux, Traité de Microbiol. Bd. I, 236; Bd. IV, 300—310.

verdanken, das Auftreten von Formaldehyd (CH_2O) bemerken. Der letztere tötet entweder den Bacillus oder dieser gewöhnt sich an den antiseptischen Aldehyd und sondert ein oxydierendes Ferment ab, das den Formaldehyd zu Kohlensäure und Wasser verbrennt.

Dieser Weg des Abbaus des Zuckers, der also über die Glycerose zum Formaldehyd hinführt, ist deswegen sehr bedeutungsvoll, weil man annimmt, dafs in der grünen Pflanze die Reduktion der Kohlensäure durch das Licht zuerst zum Formaldehyd hinführt nach der Gleichung:

$$CO_2 + H_2O = CH_2O + O_2.$$

Auf dem umgekehrten Weg, den Tyrothrix tenuis einschlägt, könnte dann in der Pflanze die Stärke entstehen. Es wäre also möglich, dafs Studien über den Abbau derselben auf dem von uns eben überblickten Wege auch dem Verständnis ihrer Synthese in der grünen Pflanze zugute kommen könnte: »Nous ne pouvons encore émettre que des conjectures sur cette relation, qui ne peut plus être perdue de vue, mais qui réclame de nouvelles recherches« (Duclaux).

Wir haben uns bis jetzt nur mit dem fermentativen Zerfall des Zuckers beschäftigt; nunmehr wollen wir die fermentative Verbrennung desselben und diejenige seiner Zerfallsprodukte kennen lernen. In allen Organismen kommen Verbrennungen ternärer Kohlenstoffverbindungen vor, die mit der Bildung von Kohlensäure und Wasser abschliefsen und physiologisch als Atmung bezeichnet werden. Nun sind aber bei gewöhnlicher Temperatur die organischen Substanzen durch den Luftsauerstoff nicht merklich angreifbar; es bedarf also der Organismus zur Bewirkung dieser Verbrennungen besonderer oxydierender Fermente.

Oxydationskatalysatoren kennt auch die nichtbiologische Chemie vielfach. Es gehören dahin die Wirkung des Platins auf Knallgas, die Vereinigung von schwefliger Säure, Sauerstoff und Wasser zu Schwefelsäure durch die Stickoxyde, die Oxydation des Naphtalins zur Phtalsäure bei Gegenwart von Quecksilber u. s. f.

Die Kenntnis der organischen Oxydationsfermente ist noch wenig vorgerückt. Im Blut findet sich ein Ferment, das »glykolytische Ferment«, das man aus den abzentrifugierten Blutkörperchen (eigentlich aus den Leucocyten) mit Chlornatriumlösung extrahieren kann[1]), und dem vielleicht die Oxydation des Blutzuckers zuzuschreiben ist. Oxydationswirkungen, die auf Fermente zurückzuführen sind, lassen sich ferner an verschiedenen Organbreien dadurch nachweisen, dafs Bildung von Indophenol eintritt, wenn man zu denselben eine alkalische Lösung eines Gemenges von α-Naphtol und p-Phenylendiamin zusetzt. Aus dem Pflanzenreich kennt man mehrere »Oxydasen«, unter ihnen am besten die Salicylase, welche Salicylaldehyd zu Salicylsäure oxydiert, sodann die Laccase, welche

[1]) Oppenheimer, Die Fermente, Lpz. 1900. S. 296.

den gelben Saft des Lackbaumes (rhus vernicifera) in den bekannten japanischen schwarzen Lack verwandelt u. a. m.

Was speziell die Zucker oxydierenden Enzyme anbelangt, so sind solche noch nicht isoliert worden. Inzwischen können die Arten der fermentativen Oxydation wieder an Mikroben studiert werden, welche, wie man wohl annehmen darf, die entsprechenden Enzyme in sich beherbergen, wie die Hefe ihre Zymase.

Den Zucker völlig zu Kohlensäure zu verbrennen, vermag unser gewöhnlicher Schimmelpilz, Aspergillus niger. Die dabei auftretende Wärme ist aus folgender Reaktionsgleichung ersichtlich:

$$C_6H_{12}O_6 + 12O = 6CO_2 + 6H_2O + 673000 \text{ cal.}$$

Vielleicht geht der Verbrennung eine alkoholische Gärung voraus, die darnach durch den Verbrennungsvorgang abgelöst wird. Die Verbrennung des Alkohols besorgen unter anderem zwei Mikroben, Mycoderma vini (vergl. Fig. 21) und Mycoderma aceti. Das erstere verbrennt den Alkohol zu Essigsäure, was ja ein technischer Prozefs ist, das letztere verbrennt ihn völlig zu Kohlensäure. Übrigens gewöhnt sich das Mycoderma aceti auch daran, die von ihm gebildete Essigsäure weiter zu Kohlensäure zu oxydieren. Die auftretenden Wärmen sind durch die nachfolgenden Gleichungen gegeben:

$$C_2H_6O + 2O = C_2H_4O_2 + H_2O + 113000 \text{ cal.}$$

$$C_2H_6O + 6O = 2CO_2 + 3H_2O + 323000 \text{ cal.}$$

Mit diesen Beispielen wollen wir uns begnügen. Es ist interessant zu sehen, wie es den Organismen gelingt, selbst Stoffe wie die Essigsäure, die bei gewöhnlicher Temperatur sonst so schwer angegriffen wird, gänzlich in Kohlensäure überzuführen.

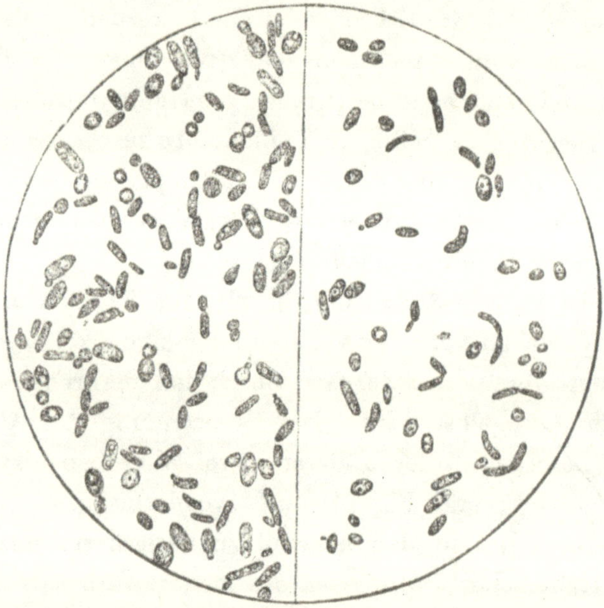

Fig. 21.

Ebenso wie für den Abbau der Kohlenhydrate gibt es natürlich eine Reihe von Fermenten zur Hydrolyse der Eiweifse, die bei der Verdauung sowohl, wie bei dem intermediären Stoffwechsel der Pflanzen und Tiere sich betätigen. Zu welchen Produkten sie im allgemeinen hinführen, haben wir bei der Besprechung der chemischen Natur der Eiweifse bereits gesehen. Im einzelnen ist ihre Wirkung verschieden, namentlich bezüglich der Tiefe der Spaltung. Während die peptischen Fermente, deren Typus das Pepsin des Magensaftes ist, die Eiweifse nur bis zu Pepton hydrolysieren, vermögen die tryptischen, z. B. das Trypsin der Bauchspeicheldrüse oder das Papayotin der Früchte von Carica papaya, die Peptone weiter zu zerlegen in jene Reihe von Aminosäuren u. s. w., die wir früher kennen gelernt haben. Die tryptischen Fermente sind überaus verbreitet nicht nur im Tierreich, sondern auch bei Pflanzen, sowie in der Welt der Pilze und Mikroben.

Schliefslich sei noch jenes Ferment erwähnt, das den Harnstoff, bekanntlich das stickstoffhaltige Endprodukt des Stoffwechsels der höheren Tiere, hydrolysiert. Dieses Ferment, die Urase, wird von vielen Bakterien abgesondert (z. B. von Urobacillus Pasteurii). Es vergärt den Harnstoff zu Ammoniumkarbonat. Es hat diese Gärung Bedeutung für den Haushalt der Natur, da die grünen Pflanzen den Harnstoff nicht assimilieren, so dafs der Kreislauf des Stickstoffs zwischen Tier und Pflanze an dieser Stelle Unterbrechung erlitte und sich beständig steigernde Mengen von Harnstoff ansammeln würden, wenn nicht hier gerade die Bakterienwelt vermittelnd eingriffe durch Hydrolyse zu Ammoniumkarbonat.

Zwölfte Vorlesung.

Haben wir in der vorigen Stunde den Abbau der organischen Stoffe betrachtet, so wollen wir nun versuchen, auch zu Vorstellungen vom Aufbau derselben zu gelangen. Hier führt nun die Reise ins durchaus Unbetretene. Wir befinden uns etwa in der Lage eines Paläontologen, der aus einem glücklich aufgefundenen Rabenbein einen ganzen Vogel konstruieren soll. Zwar sind ja eine ganze Reihe organischer Stoffe im Laboratorium hergestellt worden: Zucker sowohl wie Fette, ätherische Öle, Farbstoffe u. s. f., aber kaum einer davon ist so hergestellt worden, wie er in der Pflanze entsteht. Der künstliche Weg ist meistens viel umständlicher und benutzt Hilfen und Hilfsmittel, welche im Organismus niemals gegeben sind. Der Harnstoff z. B. entsteht im Tierkörper nicht aus cyansaurem Ammonium, woraus ihn Wöhler herzustellen lehrte, dagegen z. B. aus Ammoniumkarbonat. Nun aber sind uns die Bedingungen, welche zu dieser letzteren Synthese eingehalten werden müssen, zur Zeit noch unbekannt. Also ist eigentlich die organische Bildung von Harnstoff noch ebenso dunkel, wie sie vor Wöhlers berühmter Entdeckung war. Ebenso steht es mit den übrigen organischen Stoffen.

In neuerer Zeit bricht sich nun die Anschauung Bahn — und das soll für das folgende als Leitfaden dienen —, dafs die Synthesen der organischen Verbindungen im Organismus auf demselben Weg sich vollziehen, wie ihre fermentativen Spaltungen. Eben deswegen haben wir uns bei den Fermentationen etwas länger aufgehalten. Die Gründe für diese Auffassung liegen in der Theorie der Fermente (Ostwald, van 't Hoff).

Angenommen, es handelt sich um ein Gleichgewicht zwischen zwei Stoffen A und B und es gibt einen Katalysator für die Umwandlung $A \rightarrow B$, so mufs dieser auch die entgegengesetzte Umwandlung $B \rightarrow A$ beschleunigen, denn wir können das Gleichgewicht

$$A \rightleftarrows B$$

immer als ein stationäres auffassen, und, da es durch die Gegenwart des Katalysators nicht verschoben werden soll, so folgt, dafs die Geschwindigkeit beider Vorgänge durch ihn positiv beeinflufst werden mufs.[1]) Nachgewiesen ist diese doppelte Wirkung der Katalysatoren in manchen anorganischen Fällen, z. B. bei der Bildung und Zersetzung des Jodwasserstoffs, indem beide Reaktionen durch Platinschwarz beschleunigt

[1]) Vgl. van 't Hoff, Acht Vorlesungen über physikal. Chemie, Braunschweig 1902.

werden und zum selben Endzustand hinführen. Dafs unter den Fermenten auch bereits ein derartiger Fall entdeckt wurde, haben wir schon früher besprochen und es sei hier nochmals daran erinnert. Es handelt sich um den Nachweis von Emmerling, dafs Maltase sowohl Amygdalin in Mandelnitrilglukosid und Glukose spaltet, als auch umgekehrt aus den letzteren jenes aufbaut.

Es wird gestattet sein, zu vermuten, dafs in analoger Weise jedes Ferment gerade den Stoff, den es zerlegt, auch aufbauen kann. Beispielsweise sollte Pepsin und Trypsin die Eiweifse nicht nur hydrolisieren, sondern auch die Spaltungsprodukte in Eiweifs bis zu einem bestimmten Betrage synthetisieren.

Eine gewisse Schwierigkeit für die Synthese entsteht, wenn im gegebenen Fall das Gleichgewicht sehr stark nach der Seite der Zerfallsprodukte verschoben ist. Zur Anreicherung des synthetischen Produktes verlangt hier die Theorie, dafs dasselbe der Phase, in der die Reaktion sich vollzieht, im selben Mafse entzogen wird, als es sich bildet. Ein einfaches Beispiel soll dies erläutern. In einer wässerigen Lösung von Essigsäure besteht ein Gleichgewicht zwischen Molekülen $C_2H_4O_2$ und seinen Jonen, gemäfs der Gleichung:

$$C_2H_4O_2 \rightleftarrows C_2H_3O_2^- + H^+.$$

Um nun die Reaktion nach links fortschreiten zu lassen, genügt es, die wässerige Lösung mit Benzol zu versetzen. Indem die unzersetzte Essigsäure vom Benzol aufgenommen wird, müssen eine entsprechende Anzahl Jonen in der wässerigen Lösung zu Essigsäure zusammentreten u. s. f., bis der gröfste Teil der Jonen zu Essigsäure sich verbunden hat.

Nun dürfen wir gleich hinzufügen, dafs die tierische und pflanzliche Zelle in Wirklichkeit ein mehrphasiges Gebilde ist, da in derselben abgegrenzte Gebiete vorhanden sind, wie der Kern, die Chlorophyllkörner, Leukoplasten, Fetttröpfchen, Lecithin-Absonderungen u. s. w. Diese können je nach Umständen als Speicher von Reaktionsprodukten wirken, die in der wässerigen Phase entstehen, ganz ebenso wie sich die präparative Chemie des »Ausätherns« u. s. w. bedient, um einen Stoff dem Reaktionsgemisch zu entziehen.

Dasselbe Ziel erreicht man, wenn das synthetische Produkt dem Reaktionsgemisch dadurch entzogen wird, dafs es sich mit einem anwesenden dritten Stoff verbindet oder sich unlöslich auf ihm niederschlägt, wie sich z. B. Farbstoffe auf Tierkohle niederschlagen. Diese Eigenschaft, andere Stoffe auf sich niederzuschlagen, bezw. Verbindungen mit ihnen einzugehen, besitzen nun gerade die Lösungen der Eiweifse in hohem Grade, und es scheint dies für die Synthesen im Organismus von hoher Bedeutung zu sein[1]). Z. B. schlagen sich Albumosen auf anderen

[1]) Vgl. Kossel, Stand der Eiweifschemie, Ber. d. deutsch. chem. Ges. **34**, 3439.

Eiweifskörpern in schwer löslicher Form nieder. Ähnlich geben Histone und Protamine mit Eiweifslösungen schwer lösliche Niederschläge.

Wir kommen also für den chemischen Zustand der Zelle zu der Auffassung, dafs daselbst ein mehrphasiges Gleichgewicht statt hat, welches sich je nach der augenblicklichen Richtung des Stoffwechsels unter dem Einflufs der Fermente nach der Seite der synthetischen oder der hydrolysierten Produkte verschiebt. So möchte z. B. die Stärke, die in einer Zelle angehäuft ist, in Zucker übergehen, wenn die wässerige, den Zellenleib erfüllende Lösung daran zu arm ist, und umgekehrt aus dem Zucker des Säftestromes Stärke entstehen, wenn die Konzentration des ersteren ein gewisses Mafs übersteigt. Dafs für das Verhältnis des Eiweifses der Zelle zu seinen tryptischen Zerfallprodukten eine ähnliche enzymatische Regulation besteht, wird durch die Erscheinungen der Selbstverdauung (Autolyse) isolierter Organe nahegelegt.

Aufser der Mehrphasigkeit ist wegen der grofsen Zahl verschiedenartiger chemischer Prozesse in der Zelle wohl noch des weiteren anzunehmen, dafs sie aus einer gröfseren Anzahl einzelner Kammern besteht, die durch feine Scheidewände voneinander getrennt sind, d. h. man mufs annehmen, dafs die Zelle in ihrem Innern eine Schaumstruktur besitzt. In den Kammern hätte man sich dann die colloiden Lösungen der verschiedenen Fermente einzeln lokalisiert zu denken. Durch die feinen Membranen der Kammern vermöchten diese, als Colloide, nicht hindurch zu diffundieren und wären so vor Vermischung geschützt, während die gelösten kristalloiden Stoffe durch dieselben hindurchträten, so dafs für sie der Raum der Zelle allenthalben gleichwertig wäre. Diese Annahme der Lokalisation der Fermente an bestimmten Orten der Zelle hätte zur Folge, dafs die einzelnen chemischen Leistungen der Zelle ebenfalls räumlich getrennt voneinander verliefen, und damit wäre eine Erklärung dafür gewonnen, wieso in einer Zelle gleichzeitig zum Teil geradezu widersprechende Vorgänge, wie Oxydationen und Reduktionen, ungestört nebeneinander stattfinden können.[1])

Um eine Vorstellung zu erlangen von der grofsen Mannigfaltigkeit der chemischen Vorgänge in der Zelle und von dem Reichtum an Fermenten, den sie beherbergt, wollen wir die Leberzelle heranziehen, in der man aufser der Absonderung des Bilirubins und der Gallensäuren die Bildung von Harnstoff aus Aminosäuren und aus Ammoniumkarbonat, die von Glykogen aus Zucker und anderen Synthesen mehr verfolgen kann, und in der an Fermenten bis jetzt ein Maltase, ein Glukase, ein proteolytisches und ein fettspaltendes Ferment, eine Oxydase, sowie ein Fer-

[1]) Vgl. Hofmeister, Chem. Organisation der Zelle. Naturforscherversammlung, Hamburg 1901.

ment, das aus Aminosäuren Ammoniak abspaltet, nachgewiesen wurde[1]).

Nachdem wir uns so eine Grundlage geschaffen haben, um die chemische Tätigkeit der Zelle in ihren Grundzügen an Bekannteres anzuschliefsen, wollen wir versuchen, zu überblicken, welches die wichtigsten Vorgänge sind, die sich in derselben abspielen.

Unter allen organischen Synthesen nimmt diejenige, welche an der Pforte des Lebens uns entgegentritt, eine Sonderstellung ein. Es ist dies die Reduktion der Kohlensäure zu den Kohlenhydraten, die unter Sauerstoffentwicklung verläuft und sich in den Chlorophyllkörnern der grünen Pflanzen unter dem Einflufs des Sonnenlichtes vollzieht. Sie ist deswegen die Quelle des Lebens, weil der Energievorrat der Kohlenhydrate sowohl zum Aufbau der Eiweifskörper als zur Bildung der reduzierten Materien, wie z. B. der Fette, nötig ist, und weil aus demselben auch die Wärmeentwickelung und mechanische Arbeitsleistung der Organismen bestritten wird.

Die Reduktion der Kohlensäure im Licht ist vermutlich kein einfacher Vorgang. Sie wird sich wohl aus einer Reihe aufeinander folgender Prozesse zusammensetzen, von denen nur der erste ein photochemischer zu sein braucht. Man kann, wie dies von Baeyer schon vor dreifsig Jahren ausgesprochen hat,

[1]) Vgl. Hofmeister, l. c.

vermuten, dafs aus Kohlensäure und Wasser zunächst Formaldehyd entstünde nach der Gleichung:

$$CO_2 + H_2O = CH_2O + O_2.$$

Wie dann durch die Umkehrung jener Fermentationsreihe des Zuckers, die wir neulich durchgenommen haben und die man beim Tyrothrix tenuis beobachten kann, der Formaldehyd, das einfachste Kohlenhydrat, sich zu jenen komplizierteren Kohlenhydraten polymerisiert, die in den Zuckern vorliegen, das ist, im ganzen genommen, nach Mafsgabe der vorstehenden Betrachtungen über die synthetische Wirksamkeit der Fermente zu verstehen. Anderseits hat ja auch Emil Fischer bei seinen berühmten Arbeiten über die Zuckergruppe nachgewiesen, dafs man aus Glycerose und auch aus Formaldehyd durch Kalkmilch, welche hier keine andere Rolle übernimmt, als gerade die eines Katalysators, ein Gemenge von Hexosen, nämlich die sog. Acrose, synthetisch herstellen kann[1].

Das Interesse am photochemischen Reduktionsvorgang konzentriert sich also auf die Bildung von Formaldehyd aus Kohlensäure und Wasser. Man wird auch für diese Reaktion ein Gleichgewicht annehmen müssen, entsprechend dem Symbol:

$$CO_2 + H_2O \rightleftarrows COH_2 + O_2.$$

Nun liegt im Dunkeln die Konzentration des Aldehyds und Sauerstoffs weit unterhalb der analytischen Nach-

[1]) E. Fischer, Synthesen in der Zuckergruppe, Ber. deutsch. chem. Ges. **23**, 2114.

weisbarkeit. Die Wirkung des Lichtes mufs darin bestehen, das Gleichgewicht nach rechts zu verschieben, ebenso wie dies erhöhte Temperatur bewirken würde. Dafs das Licht gegen die chemischen Kräfte Arbeit leisten und also Gleichgewichte verschieben kann, ebenso wie dies in galvanischen Kombinationen durch elektrische Polarisation geschieht, das ist für eine beträchtliche Reihe von chemischen Reaktionen bekannt und am besten für die Reduktion von Chlor- (und Brom-) Silber durch R. Luther[1]) untersucht. Hier handelt es sich um das Gleichgewicht:

$$2\,AgCl \rightleftarrows Ag_2Cl + Cl.$$

Während im Dunkeln der Dissoziationsdruck von Chlorsilber unmefsbar klein ist, nimmt er im Licht beträchtliche Werte an; er erreicht im zerstreuten Tageslicht um Mittag nach Luther $^1/_{10}$ Atmosphäre.

Ebenso wie die Silbersalze werden viele andere Metallsalze, die in der Photographie Verwendung finden, unter Sauerstoffentwickelung reduziert, z. B. Ferri- zu Ferrosalz, Mercuri- zu Mercurosalz, Ceri- zu Cerosalz u. s. w. Es wird eine der nächsten Aufgaben der Chemie bilden, die Gesetze der photochemischen Reaktionen weiter zu entwickeln, und schliefslich die Umstände kennen zu lernen, unter denen die Reduktion der Kohlensäure im Licht eintritt und wie sie verläuft.

Dafs die Aufspeicherung der Energie der Sonne in der chemischen Energie der Kohlenhydrate der

[1]) Zeitschr. phys. Chem., **30**, 659.

Angelpunkt der biologischen Chemie ist, betonte ich oben; dafs dieselbe auch, da von ihr die Bildung von Holz und Kohle abhängt, die Quelle des gröfsten Teiles der Triebkräfte der Industrie ist, wurde häufig erörtert. Demgegenüber ist es interessant, zu erfahren, dafs die Ökonomie dieses Naturprozesses eine überaus schlechte ist. Nach Pfeffer[1]) wird von einem Quadratzentimeter eines Oleanderblattes höchstens 0,0000000537 g Stärke in der Sekunde gebildet, deren Verbrennungswärme 9200 Erg beträgt. Dagegen empfängt an heiteren Sommertagen ein Quadratzentimeter in der Sekunde 1250000 Erg an strahlender Energie von der Sonne. Es wird also noch nicht einmal 1% derselben als chemische Energie aufgespeichert.

Fügen wir noch hinzu, dafs die photochemische Bildung der Kohlenhydrate am intensivsten vor sich geht bei Bestrahlung der Blätter mit gelbgrünem Licht, dessen Wellenlänge zwischen den Linien *D* und *E* des Sonnenspektrums liegt, so haben wir alles angeführt, was von diesem Prozefs chemisches bekannt ist. Es verdient beachtet zu werden, dafs auch das menschliche Auge seine höchste Lichtempfindlichkeit im Gelbgrün hat und dafs ebenda das Energiemaximum der Sonnenstrahlung liegt.

Ist der Zucker erst gegeben, so entsteht weiter die chemische Hauptfrage, wieso und welches Material

[1]) Cit. nach Ostwald, Grundrifs der allgem. Chem. 3. Aufl. (1899) S. 496.

derselbe zur Eiweifssynthese stellen könne. Wir erinnern uns nun einerseits, dafs Aminosäuren das Gerüste des Eiweifsmoleküls bilden, anderseits, dafs aus dem Zucker durch Gärung Fettsäuren und Oxyfettsäuren, nämlich beispielsweise Milchsäure, Buttersäure, Essigsäure, die letztere teils direkt, teils auf dem Umwege über die alkoholische Gärung, entstehen. Das Problem liegt also namentlich in dem Aufbau der Aminofettsäuren aus den Fettsäuren bezw. deren Oxyderivaten und dem Ammoniak, welch letzteres die Pflanzen teils vom Boden unmittelbar aufnehmen, teils aus den aufgenommenen Nitraten durch Reduktion gewinnen.

Diese Synthese der Aminosäuren ist nun wohl einer der dunkelsten Punkte der organischen Chemie. Wir kennen kein oxydierendes Mittel, um aus Essigsäure und Ammoniak direkt Glykokoll zu machen; ebensowenig können wir Glykolsäure mit Ammoniak zu Glykokoll kondensieren. Dieselbe Unmöglichkeit besteht für den Chemiker bezüglich der umgekehrten Reaktionen: Man kann die Aminosäuren nicht verseifen und auch nicht zu Fettsäure und Ammoniak reduzieren. Dagegen kommen alle diese Reaktionen im Organismus vor. Wir haben gesehen, wie Fäulnisbakterien Aminosäuren, z. B. Phenylaminoessigsäure zu Phenylessigsäure und Ammoniak reduzieren; und es dürfte für den Organismus die so träge Aminostickstoffbindung ebenso lösbar und knüpfbar sein, wie für unsere Mittel eine Säureamidbindung.

Was speziell die Kondensation von Fettsäure und Ammoniak anlangt, so kann man diese wohl auf die Kondensation der entsprechenden Oxysäure mit Ammoniak zurückführen und ebenso die Spaltung der Aminosäuren in Fettsäuren und Ammoniak auf diejenige in die entsprechenden Oxysäuren. Dann aber mufs der Organismus noch feine Regulatoren haben, die ihm gestatten, eine Fettsäure, z. B. Essigsäure, zu Glykolsäure zu oxydieren, und umgekehrt eine Oxysäure zu reduzieren. Dies sind ebenfalls Aufgaben, welche der Chemiker zur Zeit noch nicht zu handhaben versteht. Offenbar gehören zu diesen Prozessen, sowohl zur Lösung und Knüpfung der Aminobindung, als auch zu den letztbesprochenen Oxydationen und Reduktionen, besondere Katalysatoren bezw. Fermente, die es nun eben zu suchen und verwenden zu lernen gilt. Gegenwärtig führt für den Chemiker der Weg von den Fettsäuren zu den Oxy- und Aminosäuren über die Chlorderivate, und von jenen zu den Fettsäuren zurück kennen wir überhaupt keinen Weg.

Dafs es aber hierzu trotzdem Wege gibt, zeigen die Organismen; nur sind sie für den Chemiker zur Zeit noch geheim und ungangbar. Dieselben aufzudecken, würde eine grofse Vertiefung unserer Kenntnis der Kohlenstoffverbindungen bedeuten, eine Kenntnis, die trotz der hunderttausend wohlgezählten Kohlenstoffverbindungen eigentlich eine recht oberflächliche ist, da man über die Überführbarkeit derselben ineinander, d. h. über ihren Hylotropismus, und über die sich dabei ergebenden Gleichgewichtszustände, mangelhaft unterrichtet ist.

Ist man erst bis zu den Aminosäuren vorgedrungen, so kann man sich deren Kondensation zu Eiweifs durch die Umkehrung der tryptischen und peptischen Verdauung leicht vorstellen. Es macht dies für das grundsätzliche Verständnis keine weiteren Schwierigkeiten, wie die Synthese von Maltose aus Glukose. Die Eiweifssynthese aus den Aminosäuren vollzieht sich selbstverständlich im weitesten Umfang in den grünen Pflanzen, da ja alles tierische Eiweifs auf das pflanzliche zurückzuführen ist. Indessen scheint diese Synthese kein so ausschliefsliches Vorrecht der grünen Pflanzen zu sein, wie die Reduktion der Kohlensäure zu Zucker. Vielmehr ist es sicher, dafs auch Pilze, z. B. der gewöhnliche Schimmelpilz, Aspergillus niger, aus Aminosäuren (der Essigsäure- und Oxalsäurereihe), wenn ihm solche neben Zucker als Nahrung geboten werden, Eiweifs aufbauen kann.[1]) Ob auch im Tierkörper die Aminosäuren, speziell die tryptischen Verdauungsprodukte, zu Eiweifs regeneriert werden, ist wohl noch nicht mit Sicherheit beobachtet worden. Dagegen hat

[1]) **Czapek**, Beitr. z. chem. Physiol. u. Path. **1**, 538. — Ein anderer Pilz, Eurotyopsis Gayoni, assimiliert auch Milchsäure; vgl. **Mazé**, Compt. rend. **134**, 240.

sich, wie ich hier einschalten will, vor kurzem feststellen lassen, dafs die Albumosen der peptischen Eiweifsverdauung nach ihrer Resorption in der Magenschleimhaut in Eiweifs zurückverwandelt werden.[1])

Der pflanzliche Stoffwechsel findet seinen Abschlufs in der Synthese der höheren Kohlenhydrate aus Zucker einerseits und in der Eiweifssynthese anderseits. Zwar vollzieht sich im Pflanzenkörper auch die fermentative Hydrolyse dieser Endprodukte in Zucker und die primären kristallinen Spaltstücke des Eiweifses zurück. Allein dies geschieht nur intermediär zum Transport der augehäuften synthetischen Stoffe nach Stellen gesteigerten Wachstums hin, wo dann die Kondensation zu Stärke, Cellulose und Eiweifs von neuem stattfindet, so dafs man zu der Vorstellung eines gewissen Gleichgewichtes zwischen diesen teils kolloiden, teils festen Stoffen mit der jeweiligen Zusammensetzung und Konzentration des Säftestromes hingeführt wrid. Somit liegt der Nachdruck des pflanzlichen Stoffwechsels ganz in der Synthese. Nur ein kleiner Teil des gebildeten Zuckers wird durch Verbrennung zu Kohlensäure wieder desorganisiert; denn auch die Pflanzen besitzen, was man im Anfang biologischer Untersuchungen übersah, eine Atmung und verbrauchen Sauerstoff.

Ein entgegengesetztes Bild wird uns im Stoffwechsel der Tiere entgegentreten, deren Stoffwechsel

---

[1]) Glaessner, Beitr. z. chem. Physiol. u. Path. 1, 56.

auf die Zerstörung der von den Pflanzen aufgebauten organischen Stoffe hin gerichtet ist, wobei sie den in diesen gefesselten Energievorrat in Wärme und Bewegung umsetzen.

Bevor wir dazu übergehen, wollen wir noch einen Blick werfen auf die Uranfänge des Lebens. — Wenn eine zuckerige Nährlösung, d. h. eine verdünnte wässerige Lösung, welche aufser Zucker noch die Nitrate, Sulfate, Phosphate, Chloride von Kalium, Natrium, Calcium, Magnesium und Eisen enthält, gegeben ist, und man säet in sie Keime von Pilzen, so fangen diese an zu wachsen, wobei sich also durch offenbar freiwillig verlaufende Vorgänge Eiweifskörper und die übrigen organischen Stoffe aus der Nährlösung bilden. Ebenso würde ein Kristall wachsen in seiner übersättigten Lösung. Man kann daher das Wachstum der Organismen, das an schon vorhandener organischer Substanz sich vollzieht, wohl als eine Auslösung betrachten und die Umgebung eines Organismus, in der dieser zu gedeihen vermag, als gewissermafsen metastabil in Bezug auf ihn auffassen.[1])

Wird jedoch die Nährlösung vor Keimen geschützt, so geschieht in derselben nichts, vorsichtiger gesagt: fast nichts oder unmerklich wenig. Es steht nichts im Wege, den Unterschied im chemischen Verhalten der Nährlösung mit und ohne Keim nur darin zu suchen, dafs die Reaktionsgeschwindigkeit

[1]) Ostwald, Vorlesungen über Naturphilosophie (1901).

bei Anwesenheit des Keimes bedeutend vermehrt ist, und dafs darin das ganze Geheimnis der generatio spontanea besteht. Denn die energetische Möglichkeit zur Eiweifssynthese dürfen wir in der zuckerigen Nährlösung auch ohne organischen Keim als bereits gegeben betrachten. Wenn diese Synthese durch den Keim aufserordentlich beschleunigt wird, so sehen wir darin — an der entwickelten Vorstellung von der Natur der Fermente konsequent festhaltend — die katalytische Wirksamkeit eben dieser Fermente. Denn, um es nochmals hervorzuheben, die Fermente müssen, wenn nur die vorgetragenen Grundvorstellungen über ihre Natur zutreffende sind, den Aufbau ebensowohl wie den Zerfall katalysieren. Von Leben sprechen wir erst dann, wenn die Vorgänge in der einen und andern Richtung eine gewisse Geschwindigkeit annehmen. Diese erlangen sie nun eben durch die Fermente. Mit ihrer Hilfe wird die Geschwindigkeit der Eiweifsbildung aus zuckeriger Nährlösung so intensiv, dafs man die Eiweifssubstanz an Gewicht zunehmen und den Organismus wachsen sieht.

Nun stehen die Fermente ihrer Zusammensetzung nach in naher Beziehung zu den echten Eiweifsen und sind wohl irgend welche Umwandlungsprodukte, vielleicht leichte Oxydationsstufen, derselben. Gleichgültig, ob sie bei der Eiweifsbildung aus der zuckerigen Nährlösung als Neben-, Umwandlungs- oder beginnende Oxydationsprodukte der Eiweifsstoffe im Organismus auftreten, immerhin wird anfänglich die Kondensation der Nährlösung ohne Enzyme sich haben vollziehen müssen. Wir kommen so auf die Vorstellung eines Lebens ohne Enzyme. Seine Intensität, gemessen am Stoffumsatz, wäre etwa von der Gröſsenordnung des Lebens im ruhenden Samenkorn zu denken.

Wir gehen nun noch einen Schritt weiter: ebenso wie anzunehmen ist, daſs sich erstmals aus der zuckerigen Nährlösung das Eiweiſs auf anorganische Weise gebildet hat, so muſs dies wohl auch mit dem Zucker selbst der Fall sein. Offenbar ist es eine der nächsten Aufgaben der experimentellen Chemie, die Bedingungen der Reduktion der Kohlensäure im Licht auſserhalb des Pflanzenkörpers darzutun und zu untersuchen. Ich zweifle nicht, daſs es rein anorganische Wege gibt zur Reduktion der Kohlensäure zu Formaldehyd im Licht. Daſs und wie aus diesem letzteren ebenfalls auf anorganische Weise Zucker entstehen kann, ist ja durch die Versuche von Emil Fischer bereits bekannt geworden.

Wir hätten also zwei Vorformen des Lebens zu mutmaſsen. Eine, in der bei intensiver Sonnenstrahlung aus Kohlensäure und Wasser sich Kohlenhydrate bilden und die Seen und Meere sich in eine zuckerige Nährlösung verwandeln[1]); eine zweite, in

[1]) Es gibt gewisse Bakterien, z. B. Winogradskys Nitromonas, die, wie Hüppe (vgl. die Diskussion zum Kreislauf des Stickstoffs, Naturforscherverg. Karlsbad 1902) schon früher gezeigt hatte, in einer rein anorganischen Nährlösung wachsen

der daselbst diejenigen Kondensationen langsam fortschreiten, welche zur Eiweifsbildung hinführen, bis dann auf einem uns noch unbekannten Stadium dieser Synthesen die Fermente auftreten und damit das Tempo der Organisierung der Nährlösung zu demjenigen wird, das uns aus biologischer Erfahrung und schliefslich aus unserer eigenen Assimilierungs- und Wachstumskraft bekannt ist.

und assimilieren, wenn ihnen darin neben Kohlensäure Ammoniak dargeboten wird. Die Energiequelle zur Reduktion der Kohlensäure liegt hier im Ammoniak. Darnach scheint die Existenz eines Kohlenhydrates vor dem Anfang des Lebens nicht durchaus notwendig. Nur mufs man sich daran erinnern, dafs das Ammoniak selber ein organisches Produkt ist und dafs, soviel sich übersehen läfst, vor dem Anfang des Lebens auf der Erdoberfläche wahrscheinlich kein Ammoniak vorhanden war.

Dreizehnte Vorlesung.

Nachdem wir in grofsen Zügen den pflanzlichen Stoffwechsel überschaut haben, wollen wir nun auch den der Tiere kennen lernen. Wie Lavoisier zuerst klar erkannte, ist derselbe dem Stoffwechsel der Pflanzen gerade entgegengesetzt. Während er für die Pflanzen im wesentlichen darin gipfelt, aus Kohlensäure, Wasser und Ammoniak, unter akzessorischer Beteiligung einiger anderer anorganischer Stoffe, Zucker, Fett und Eiweifs aufzubauen, verwandelt der Tierkörper diese Stoffe in diejenigen zurück, aus denen sie hervorgingen.

Der Stoffwechsel der Tiere beginnt mit der Resorption der Nahrungsmittel, nachdem dieselben durch die Verdauungsfermente löslich gemacht worden sind. Stärke wird durch diastatische Fermente zu Glukose hydrolysiert und gelangt als solche in den Säftestrom. Die Fette werden durch die Galle emulgiert und darauf in die Lymphbahnen, welche sich zum ductus thoracicus vereinigen, aufgenommen. Die Eiweifse werden durch das Pepsin des Magens in Albumosen und Peptone verwandelt und durch das Trypsin der

Bauchspeicheldrüse und das Erepsin (Cohnheim) der Dünndarmschleimhaut weiter in die kristallinen Aminosäuren u. s. w. gespalten, die wir früher bei der Besprechung der Chemie der Eiweifse kennen lernten. Während die Albumosen in der Magenschleimhaut sofort zu Eiweifs regeneriert werden und so in die Blutbahnen übergehen, werden die tryptischen Eiweifsverdauungsprodukte dem Blute der Mesenterialvenen, die sich zur Pfordtader vereinigen, einverleibt.

Jetzt handelt es sich darum, etwas über die Schicksale der resorbierten Nahrungsmittel zu erfahren. Soweit sie nicht zum Wachstum verwendet werden, und das macht ja den kleinsten Teil derselben aus, erleiden sie eine Dissimilation, deren Endprodukte Kohlensäure, Wasser und Harnstoff sind.

Wir wollen nun vor allem das Eiweifs und seine Spaltungsprodukte auf seinem Weg durch den Tierkörper verfolgen. Die spezielle Frage lautet hier so: Wo wird das Eiweifs seines Stickstoffs beraubt und was wird aus dem Rest des Eiweifsmoleküls, nachdem dies geschehen ist?

Zunächst wurde durch die klassischen Stoffwechselversuche von Pettenkofer und Voit[1]) nachgewiesen, dafs im Tierkörper bei reiner Eiweifskost Fett angesetzt werden kann. Sodann weifs man, dafs bei schwerem Diabetes trotz reiner Eiweifsnahrung doch

[1]) C. Voit, Physiologie des allgem. Stoffwechsels. Hermanns Handbuch der Physiologie, 6, I. Leipzig 1881.

Zucker im Blut vorkommt und durch die Niere ausgeschieden wird. Aufserdem haben die Erfahrungen beim Phlorizin-Diabetes, welcher dadurch entsteht, dafs die Durchlässigkeit der Niere für den Zucker, der im Blute vorhanden ist (3‰ in der Norm), nach Verabreichung von Phlorizin herabgesetzt wird, erkennen lassen, dafs ein grofser Teil des Eiweifskohlenstoffs vorübergehend zu einem Kohlehydrat wird.[1]) Denn man wird annehmen müssen, dafs die Zuckermengen, welche im Harn beim Phlorizin-Diabetes auftreten, im Organismus auch gebildet werden, wenn demselben kein Phlorizin verabreicht wird, da dieses, soviel man weifs, nur die Tätigkeit der Niere beeinflufst. Nach den neuesten Angaben gehen mindestens 80% des mit der Nahrung aufgenommenen Eiweifskohlenstoffs durch die Glykogenstufe.[2]) Ferner haben Fütterungsversuche mit reinem Eiweifs[3]) erwiesen, dafs man durch dieselbe eine Anhäufung des Leberglykogens bewirken kann. Glykogen ist ein Kohlehydrat $C_6H_{10}O_5$, welches der Stärke der Pflanzen entspricht. Es bildet sich im Tierkörper aus Glukose und häuft sich vornehmlich in den Leberzellen an. — Anderseits weifs man, dafs nach Aufnahme von Eiweifs durch die Nahrung der gesamte Stickstoff derselben äufserst rasch

---

[1]) Cremer und Ritter, Z. Biol. **29**, 256 (1893); Prausnitz, Z. Biol. **29**, 168.

[2]) Cohnheim, Die Eiweifskörper. Roscoe-Schorlemmers Lehrbuch der organischen Chemie IX, 55 (1901).

[3]) Kulz, Festschrift für C. Ludwig, Marburg 1890. S. 69.

als Harnstoff im Harn erscheint, während der Kohlenstoff des Eiweifses viel langsamer durch die Atmung als Kohlensäure ausgeschieden wird.

Dies zusammengefafst, zeigt offenbar, dafs die erste Zersetzung des Eiweifses im Tierkörper zur Abspaltung von Harnstoff unter Zurücklassung von ternären Substanzen führt, welche entweder nur Kohlenhydrate oder Kohlenhydrate und Fette sind. Dies stimmt mit der Bruttozusammensetzung von Eiweifs insofern überein, als ein ternärer Körper, der in seiner Zusammensetzung zwischen Fett und Kohlehydrat steht, zurückbleibt, wenn man sich vom Eiweifs allen Stickstoff in Form von Harnstoff abgetrennt denkt.[1]) Um davon eine Vorstellung zu geben, sei hier eine von Gautier entwickelte Gleichung angeführt, welche zwar nicht den tatsächlichen Verlauf wiedergeben, aber eine Art summarischer Bilanz der Eiweifszersetzung darstellen soll:

$$4\,C_{72}H_{112}N_{18}SO_{22} + 68\,H_2O = 36\,CO(NH_2)_2 + 3\,C_{55}H_{104}O_6$$

Oleo-Stearo-Palmitin

$$+ 12\,C_6H_{10}O_5 + 4\,SO_3H_2 + 15\,CO_2$$

Glykogen.

Ebenso wie aus dem Eiweifs wird der Stickstoff auch aus dessen tryptischen Verdauungsprodukten als Harnstoff abgespalten, wovon man sich überzeugt indem man Tieren Stoffe wie Glykokoll, Leucin, Aspa-

[1]) Voit, Z, f. Biol. 5, 116 (1869).

ragin[1]) verfüttert. Diese Harnstoffbildung folgt eigentlich schon aus den Stoffwechselversuchen, die sich auf die Eiweifsnahrung beziehen; denn ein Teil des Eiweifses wird ja tryptisch verdaut und gelangt in Form von Aminosäuren in den Säftestrom. Wenn also, wie oben angeführt, gefunden wird, dafs der ganze, in der Eiweifsnahrung aufgenommene Stickstoff im Tierkörper in Harnstoff übergeht, so gilt dies implicite auch für die Aminosäuren. Interessant ist aber, dafs diese Aminosäuren den Glykogengehalt der Leber vermehren.[2]) Denn gerade bei diesen einfachen Körpern, insbesondere beim Glykokoll, ist der Zusammenhang zwischen der Bildung von Harnstoff und Kohlenhydrat, auf den die Eiweifszersetzung im Tierkörper hinausläuft, verhältnismäfsig übersichtlich und leicht verständlich nach der Formel:

$$\underset{\text{Glykokoll}}{4\,CH_2NH_2COOH} = \underset{\text{Zucker}}{C_6H_{12}O_6} + \underset{\text{Harnstoff.}}{2\,CO(NH_2)_2}$$

Der hierdurch repräsentierte Vorgang kann als eine jener Gärungen angesehen werden, bei denen eine mittlere Oxydationsstufe (das Glykokoll) in eine niedere (Zucker) und eine höhere (Harnstoff) zerfällt. Dafs dies hier der Fall ist, sieht man ein, wenn man der Spaltung zuerst eine Hydrolyse voraus-

---

[1]) Salkowsky, Z. physiolog. Ch. 4, 54, 100 (1880). — v. Knieriem, Med. Zentralbl. 14, 254.

[2]) Röhmann, Med. Zentralbl. 22, 862. — Nebelthau, Z. Biol. 28, 138 (1891).

gehen läfst. Dann stellt sich der Vorgang folgendermafsen dar:

$$4CH_2NH_2COOH + 4HOH = 4CH_2OHCOOH + 4NH_3$$
$$4CH_2OHCOOH = C_6H_{12}O_6 + 2CO_2 + 2HOH.$$

Es ist wohl möglich, dafs dieser letztere Verlauf, nämlich zuerst Hydrolyse, dann Zerfall der Oxysäure und schliefslich Harnstoffbildung, in Wirklichkeit besteht; denn der Ort, an dem die fraglichen Vorgänge vorzüglich stattfinden, ist die Leber, und von dieser ist sowohl bekannt, dafs sie ein Ferment enthält, das Aminostickstoff als Ammoniak abspalten kann (Hofmeister), als auch, dafs in ihr aus Ammonium-Karbonat Harnstoff entsteht. Dieses kann man beobachten, wenn man frisch extirpierte Lebern von Blut durchströmen läfst, das mit Ammonium-Karbonat versetzt ist.[1]) Man konstatiert alsdann eine reichliche Harnstoffbildung.

Nach dem heutigen Stande unserer Kenntnisse vom intermediären Stoffwechsel ist es indessen nicht möglich, über die einzelnen Zwischenstadien der Eiweifszersetzung etwas bindendes zu sagen; wir müssen uns vorläufig mit der mehr allgemeinen Erkenntnis begnügen, dafs ein Hauptabschnitt der Eiweifszersetzung durch das Auftreten von Zucker oder Glykogen einerseits und von Harnstoff anderseits charakterisiert ist, und dafs diese chemischen Prozesse sich vorwiegend in der Leber abspielen.

---

[1]) v. Schröder, Archiv f. exper. Pathol. u. Pharm. Bd. 15.

Während der Harnstoff bei den Säugetieren als solcher im Harn ausgeschieden wird, erleidet er im Leib der Vögel vor dem Verlassen des Körpers eine Kondensation zu Harnsäure. Da nach Entfernung der Leber von Gänsen statt der Harnsäure in den Ausscheidungen das Ammoniaksalz der Fleischmilchsäure auftritt (Minkowsky), so ist es wahrscheinlich, dafs die entsprechenden Oxydationen und Kondensationen, welche zur Harnsäure führen, ebenfalls in der Leber sich vollziehen. Wie ferner aus Versuchen von H. Wiener[1]) hervorgeht, produziert der Organismus der Vögel Harnsäure, wenn ihm durch Injektion Harnstoff und zugleich eine Verbindung mit einer dreigliedrigen Kohlenstoffkette, wie Milchsäure, Malon-, Tatron-, Mesoxalsäure dargeboten werden. Vermutlich werden diese Säuren durch Oxydation zunächst in Tatronsäure übergeführt und vollzieht sich hinfort die Kondensation zu Harnsäure nach dem Schema:

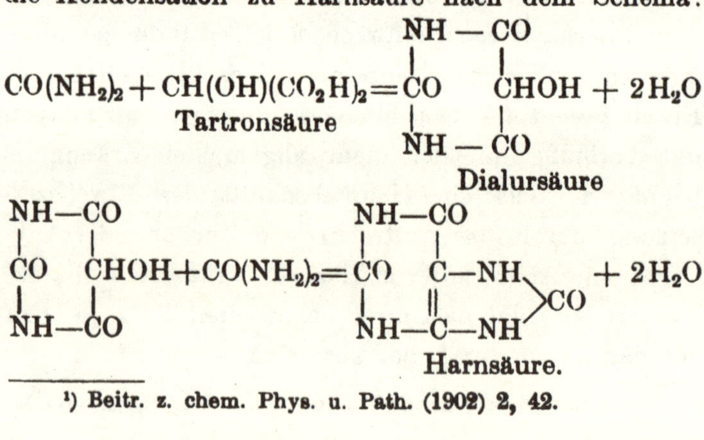

[1]) Beitr. z. chem. Phys. u. Path. (1902) 2, 42.

Es ist bekannt, dafs auch im Säugetierharn die Harnsäure vorkommt. Allein bei den Säugetieren entsteht diese wahrscheinlich nicht aus dem Harnstoff, sondern rührt von dem Zerfall der Nucleinsäuren her. Wie erinnerlich, kommen in den Zellkernen die sog. Nucleoproteide vor, Verbindungen von Eiweifskörpern mit Nucleinsäuren. Die letzteren sind kompliziert zusammengesetzte Säuren, die durch Kochen mit Wasser in eine Anzahl einfacherer Stoffe zerfallen, unter denen neben Phosphorsäure und Kohlenhydraten das Thymin (5-Methyl—2, 6, dioxypyrimidin) und die Xanthinbasen sich finden. Die letzteren, nämlich Adenin (Aminopurin), Guanin (Aminooxypurin), Hypoxanthin (Oxypurin) und Xanthin (Dioxypurin), sämtlich Purinderivate, sind es, die durch Oxydation in Harnsäure (Trioxypurin) übergehen und als solche ausgeschieden werden. Über die Verwandtschaft dieser Stoffe geben die nachstehenden Strukturformeln Aufschlufs:

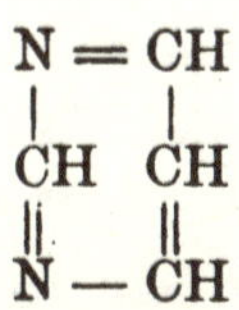

Pyrimidin

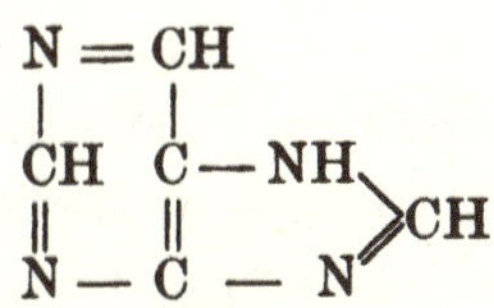

Purin

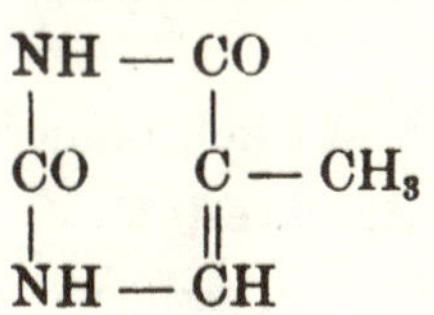

Thymin

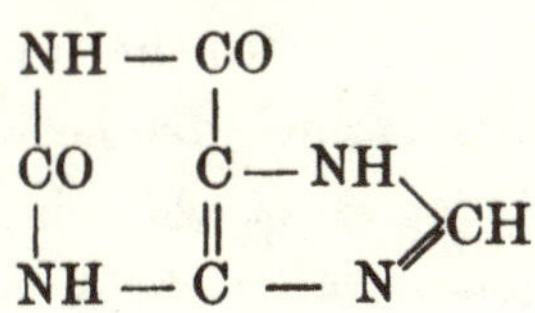

Xanthin.

Welches sind nun weiter die Schicksale der Kohlenhydrate, die nach Abtrennung des Harnstoffs aus dem Nahrungseiweifs übrig bleiben, oder als solche mit der Nahrung aufgenommen werden? Es ist bekannt, dafs sie schliefslich zu Kohlensäure und Wasser verbrannt werden, in welchem Vorgang die Hauptquelle der animalischen Wärmeentwickelung und Muskelkraft liegt. Sehen wir näher zu, wie dies zugeht.

Ob der Zucker im Blut durch ein oxydierendes Ferment direkt verbrannt wird, oder ob er daselbst erst eine Gärung, etwa Milchsäuregärung, durchmacht, und darauf die Gärungsprodukte verbrannt werden, ist noch unentschieden. Man weifs aber seit Cl. Bernard, dafs der Zucker im Blut in der Tat durch das sog. glykolytische Ferment zum Verschwinden gebracht wird.

Indessen unterliegt nicht aller Zucker, der der Nahrung entstammt, ohne weiteres der Verbrennung. Vielmehr wird er während der Ruhe in den Organen, namentlich in der Leber und den Muskeln, als Glykogen abgelagert. Die Leber enthält die gröfste Menge davon 14—16 Stunden nach der Nahrungsaufnahme.[1]) Während der Muskelarbeit wird das Glykogen durch eine Diastase in Glukose zurück verwandelt und als solche im Blut an den Ort des Verbrauches, nämlich den arbeitenden Muskel, hingeführt. Das Glykogen ist also eine Art Reservestoff, ähnlich der Reservestärke der Pflanzen, und man wird an-

[1]) Külz, Pflügers Archiv **24,** 1.

nehmen dürfen, dafs zwischen dem Zuckergehalt des Blutes und dem Glykogengehalt der Organe eine reversible enzymatische Regulation herrscht, derart, dafs der Zucker bei Zuckerverbrauch aus dem Glykogen nachgeliefert und bei Zuckerangebot als Glykogen abgelagert wird.

Doch ist das Glykogen nur ein vorläufiger Reservestoff; es häuft sich während der Ruhe nicht unbegrenzt an, weil die Glukose im Organismus einer eigenen Gärung unterliegt, die sie in Fett überführt. Dafs aus Kohlehydraten Fett entstehen kann, ist durch eine grofse Zahl von Fütterungsversuchen mit einseitig kohlenhydrathaltiger Nahrung bewiesen. Anderseits bemerkt man, dafs einige Stunden nach Aufnahme von kohlenhydrathaltiger Nahrung eine Menge Kohlensäure ausgeatmet wird, welcher keine entsprechende Zunahme an absorbiertem Sauerstoff entspricht.[1]) Die Gärung, um die es sich hier handelt, kann man sich, wie auch schon Liebig dachte, nach dem Typus der alkoholischen Gärung verlaufend vorstellen. Zwar gibt es noch keinen quantitativen Versuch, der die genauen stöchiometrischen Verhältnisse erkennen liefse; doch sei immerhin, zur Vermittelung einer ungefähren Anschauung, die von Gautier dafür angesetzte Gleichung hier mitgeteilt:

$$13\,C_6H_{12}O_6 = C_{55}H_{104}O_6 + 23\,CO_2 + 26\,H_2O$$

Oleostearopalmitin.

[1]) Richet und Hanriot, Compt. rend. **114**, 371.

Das Fett lagert sich im Tierkörper hauptsächlich im Bindegewebe ab und ist der definitive Reservestoff. Bei Arbeit, Hunger, Kälte wird es durch verseifende Fermente (die **Lipasen**) gelöst und gelangt ins Blut, um unter Wärmeentwickelung verbrannt zu werden oder den Muskeln als Kraftquelle zu dienen. Vielleicht besteht, ähnlich wie zwischen Glykogen und Zucker, auch zwischen dem Fett der Fettzellen und den Seifen im Blute eine reversible enzymatische Regulation.[1])

Die bei der Verbrennung der Kohlenhydrate sich betätigende Energie erscheint im Tierkörper nicht allein als Wärme, sondern kann auch mittels besonderer Maschinen, nämlich der Muskeln, in mechanische Arbeit umgesetzt werden. Dafs es vorzüglich die Verbrennung der Kohlenhydrate ist, welche als Energiequelle der Muskeln in Betracht kommt, wurde, entgegen den ursprünglichen Ansichten Liebigs, durch die Stoffwechselversuche von Pettenkofer und Voit[2]) entscheidend dargetan. Diese Forscher stellten fest, dafs die Stickstoffausscheidung während der Arbeit um nichts gröfser ist, als während der Ruhe. Dafs auch bei reiner Eiweifsnahrung die Muskeln ihre volle Arbeit verrichten können, wie namentlich Pflüger[3]) durch den Versuch dartat, leuchtet ohne weiteres ein,

[1]) Vergl. Hofmeister, Die chemische Organisation der Zelle. Naturforscherversammlung Hamburg 1901.

[2]) Physiologie des allgemeinen Stoffwechsels, Leipzig 1881. S. 187 ff.

[3]) Pflügers Archiv. Bd. 50.

seit erkannt wurde, dafs beim Eiweifszerfall ein grofser Teil des Eiweifskohlenstoffs durch die Kohlenhydrat- (Glykogen-) Stufe geht. Übrigens vermag der Organismus auch die Fette zur Leistung von mechanischer Arbeit heranzuziehen (Voit).

Die Tatsachen des Muskelstoffwechsels sind die folgenden: Bei der Arbeit findet ein Verbrauch des Glykogens und des Zuckers statt. Der Glykogenvorrat der Leber und des Muskels erschöpft sich bei der Arbeit in rapider Weise, auch nimmt der arbeitende Muskel während derselben erheblich mehr Zucker aus dem Blute auf, wie der ruhende. Ferner steigert sich die Kohlensäureabgabe des arbeitenden Muskels bedeutend über diejenige in der Ruhe. Eigentümlicherweise übertrifft die Kohlensäureabgabe bei intensiver Arbeit und lokalem Sauerstoffmangel die Sauerstoffaufnahme, so dafs also neben der Oxydation auch eine Spaltung des Zuckers bei der Arbeit einzutreten scheint, welche mit der alkoholischen Gärung Ähnlichkeit besitzen müfste. Vielfach trifft man im arbeitenden Muskel Milchsäure, namentlich bei nicht ausreichender Sauerstoffzufuhr, so dafs man annehmen möchte, dafs im Muskel der Zucker aufser einer Gärung, die mit Kohlensäure-Abspaltung verbunden ist, beständig auch die Milchsäuregärung durchmacht. Nur kommt die Milchsäure nicht immer zur Beobachtung, da sie bei reichlicher Sauerstoffzufuhr weiter zu Kohlensäure verbrannt wird.

Es fragt sich nun, welcher spezielle chemische Prozefs die Quelle der Muskelkraft ist. Aus der Tatsache, dafs bei intensiver Arbeit die Gärung des Zuckers unter Kohlensäure- und Milchsäurebildung die Verbrennung unter Sauerstoffbindung überholt, möchte man schliefsen, dafs für die Kraftproduktion nur diese Gärungen in Frage kommen; während die Oxydation der dabei entstandenen Produkte (aufser Milchsäure vielleicht Alkohol) ein nachträglicher Prozefs wäre, der nur Wärme entwickelte und mit der Arbeit des Muskels nichts zu tun hätte. Leider reichen unsere heutigen Kenntnisse vom Stoffwechsel des Muskels nicht hin, um diese Frage zu entscheiden. Man weifs tatsächlich noch nicht, welcher spezielle chemische Prozefs die Energie zur Muskelarbeit liefert.

Dafs von zwei Menschen, von denen der eine arbeitete und der andere ruhte und die beide denselben Stoffumsatz pro Zeiteinheit besäfsen, die Entwickelung animalischer Wärme beim arbeitenden Menschen kleiner sein mufs, und zwar um so viel, als dem kalorischen Äquivalent der geleisteten Arbeit entspricht, brauche ich wohl blofs zu erwähnen. Ist doch die Äquivalenz von Wärme und Arbeit durch Robert Mayer gerade aus der Wärmebilanz des Organismus erschlossen worden.

Recht wenig weifs man dagegen davon, welche Art von Maschine im tierischen Muskel vorliegt. Eine Maschine ist eine Vorrichtung, in welcher irgend eine

Energie in mechanische Arbeit verwandelt wird. Z. B. wird in der Dampfmaschine Wärme, im Wasserrad Fallenergie, im Elektromotor elektrische Energie in Arbeit verwandelt. Ein Beispiel von Verwandlung chemischer Energie in mechanische Arbeit wären die Kanonen, wo die Explosion der Sprengstoffe dazu dient, die Projektile in Bewegung zu setzen. Eine ebensolche Energietransformation würde vorliegen, wenn man etwa die Dissoziation eines kristallwasserhaltigen Salzes oder die Auflösung eines Salzes in Wasser unter Arbeitsleistung sich vollziehen lassen würde. Praktisch wichtiger als die direkte Verwandlung der chemischen Energie in mechanische ist die indirekte. In den Feuerungen wird chemische Energie in Wärme verwandelt, und in den Voltaschen Ketten in Elektrizität. Diese Energien können dann ihrerseits in thermodynamischen, bezw. elektromotorischen Maschinen in Arbeit übergeführt werden.

All die aufgeführten Energietransformationen sind nun aber für die Muskelmaschine so gut wie ausgeschlossen. Eine thermodynamische Maschine kann der Muskel nicht sein, weil er auf annähernd konstanter Temperatur, nämlich auf Körpertemperatur, gehalten wird. Ein Elektromotor ist der Muskel ersichtlicherweise ebensowenig, und eine Verwandlung von Volumenergie in Arbeit ist auch ausgeschlossen, da der Muskel im kontrahierten Zustand dasselbe Volum hat wie im schlaffen.

Dagegen liegt es im Bereiche der Möglichkeit, dafs im Muskel Oberflächenenergie in Arbeit verwandelt wird. Die kontraktilen Elemente des Muskels, die Fibrillen, sind eingebettet im Sarkoplasma, und man kann sich nun vorstellen, dafs durch chemische Reaktionen, welche in diesen vorgehen, die Oberflächenspannung jener gegen dieses vermehrt werde, was eine Kontraktion der Fibrillen zur Folge haben müfste. Von J. Bernstein[1]) ist kürzlich gezeigt worden, dafs die dabei möglicherweise entwickelte Kraft der Gröfsenordnung nach mit der tatsächlichen Leistungsfähigkeit der Muskeln übereinstimmt. Näher auf die Rechnung einzugehen, scheint mir hier nicht geboten. Es kann nur darauf verwiesen werden, dafs die experimentelle Forschung sich wahrscheinlich auf dem Boden dieser Theorie zu bewegen haben wird.

[1]) Kräfte der Bewegung in der lebenden Substanz. Naturwissenschaftliche Rundschau 1901, Nr. 33 ff.

Vierzehnte Vorlesung.

Für den Chemiker ist der Organismus eine fremde Fabrik, deren Fabriksgeheimnisse er zu ergründen sucht. Zunächst mufste man dabei darauf ausgehen, die organischen Stoffe auf irgend eine Weise im Laboratorium herzustellen. Dies wollte längere Zeit nicht gelingen, so dafs man daran dachte, dafs zur Herstellung derselben besondere, »vitale« Affinitäten gehörten, welche die Elemente nur im Organismus betätigten. Als aber dann Wöhler mit seiner Harnstoffsynthese hervortrat und auf diese Entdeckung nach und nach jene glänzende Reihe von Synthesen pflanzlicher Säuren, der Kohlenhydrate, pflanzlicher Farb- und Riechstoffe, der Purinderivate u. s. w. folgte, durfte man einsehen, dafs die gewöhnlichen Verwandtschaftskräfte ausreichten zur Bildung der organischen Stoffe. Und heute zweifelt niemand mehr, dafs grundsätzlich alle chemischen Produkte der Lebewesen, einschliefslich der Eiweifskörper, im Laboratorium herstellbar sind und nach genügender Vorbereitung auch werden hergestellt werden.

Allein es täuscht sich niemand darüber, dafs der modus operandi, der zu diesen Synthesen gedient hat, wesentlich verschieden ist von dem, den die Organismen anwenden, und dafs ein wesentlicher Teil des organischen Fabrikgeheimnisses noch nicht enthüllt ist. So sieht man denn heute eine neue Front von Problemen sich entwickeln. An die Stelle der Aufgabe, welche die Chemie des 19. Jahrhunderts beherrscht hat, und die darin gipfelte, die organischen Stoffe überhaupt herzustellen, tritt jetzt die andere Aufgabe, sie so zu fabrizieren, wie der Organismus es selbst tut.

Es ist nicht zu bezweifeln, dafs auch dieses ferne Ziel gewonnen wird. Die physiologische Chemie wird darin ihren wahren Abschlufs finden. Man wird dann statt der Andeutungen, die ich Ihnen in den beiden vorangegangenen Vorlesungen darlegte, exakte Aussagen machen können.

Was uns heute noch hervorzuheben übrig bleibt das ist, dafs damit allein das »Leben« chemisch noch ebenso unerklärt und unverstanden wäre, wie es uns augenblicklich ist. Denn wenn wir auch verstanden haben, wie im Organismus Eiweifsstoffe, darnach wie Glykoproteide, Nucleoproteide, Lecithalbumine, Enzyme, Toxine, Antitoxine, Praecipitine u. s. f. aus einfachen Stoffen entstehen, und wie sie wieder in diese zerfallen, so haben wir doch noch nichts verstanden von den eigentümlichen Eigenschaften der lebendigen

Substanz selbst, des Protoplasmas. Dies ist ein Problem für sich.

Was ist chemisch die lebendige Substanz oder das Protoplasma? In dem toten Protoplasma findet man die eben angeführten Stoffe: Nucleoproteide, Lecithalbumine, Enzyme u. s. f. Diese Stoffe sind also jedenfalls die materiellen Elemente des Protoplasmas, und ob dasselbe lebt oder tot ist, hängt von einem eigenartigen Erregungszustand oder einer eigenartigen Anordnung ab, sowie ein Körper tönt oder nicht tönt, je nachdem er in Schwingungen versetzt wird oder nicht. Man hat sich von jeher der Auffassung hingegeben, dafs der chemische Zustand des lebenden Protoplasmas kein statischer, sondern ein stationärer sei. D. h. man stellt sich vor, dafs das Protoplasma sich beständig zersetzt und wieder bildet, so dafs es einen dauernden Strom von Materie darstellt, so wie eine Flamme ein Gebilde ist, das bei Erhaltung seiner Form seinen Stoff wechselt. Dieser Stoffwechsel der lebendigen Substanz ist nach der Ansicht Herings wohl zu unterscheiden von jener fabrikatorischen Tätigkeit des Organismus, welche wir in der letzten und vorletzten Stunde als physiologische Stoffwechselchemie besprochen haben. Hering sagt: »Das Glykogen, die Fette etc. . , möchten nicht eigentlich in den Komplex jener Urstoffe eingetreten sein, welche die lebendige Substanz selbst ausmachen, sondern nur in unmittelbare Berührung mit der letzteren gekommen sein und dort Gelegenheit gefunden haben, neue Verbindungen untereinander einzugehen.«

Die, wie mir scheint, allgemein gehegte Ansicht von dem stetigen Schwund und Ersatz der lebendigen Substanz wird sich wohl im natürlichen Anschlufs an die Erfahrungen der fabrikatorischen Tätigkeit der Organismen gebildet haben, und vielleicht zeigt sich einmal, dafs wirklich beides ursächlich zusammenhängt.

Was die Vorstellung eines in beständiger Zersetzung und Wiederbildung befindlichen Stoffes anbetrifft, so macht diese dem Chemiker keine Schwierigkeit. So schwankt beispielsweise bei der Schwefelsäuredarstellung der Stickstoff zwischen einer höheren und niederen Oxydationsstufe hin und her, und die genauere Erforschung des Verlaufes chemischer Umsetzungen lehrt uns täglich neue Zwischenverbindungen kennen, die in oscillierender Bildung und Zersetzung begriffen sind, während ein stetiger einsinniger Energiestrom sich durch dieselben ergiefst.

Nun aber kommen der lebendigen Substanz eine Reihe von Eigenschaften zu, eben die vitalen, und ich werfe die Frage auf, ob wir uns ein chemisches Gebilde vorstellen können, welches solche Eigenschaften äufsert?

Zunächst müssen wir dazu die vitalen Grundeigenschaften kurz bezeichnen. — Als erste nenne ich die Gewöhnung und Vererbung, deren psychisches Korrelat das Gedächtnis ist. Diese allgemeine Eigenschaft der lebendigen Substanz wurde von Hering[1]) in den Satz gefafst: »Bestimmte Vorgänge hinterlassen im Lebewesen Wirkungen, welche die Wiederholung dieser Vorgänge begünstigen.«

Diese Funktion der lebendigen Substanz erwähne ich nicht deshalb zuerst, weil ich sie für die ausgezeichnetste halte, sondern umgekehrt: weil sie auch in der unorganischen Natur spurenweise nachzuweisen und daher noch verhältnismäfsig leicht verständlich ist. Erscheinungen der Gewöhnung sind dem Physiker und Chemiker nicht ganz fremd, und er kann sie mit seinen Begriffen eben noch beherrschen, so dafs bezüglich der Gewöhnung der Unterschied zwischen der toten und belebten Welt ein, wenn auch ungeheurer, so doch vielleicht blofs quantitativer ist. »Ein Draht, sagt Mach[2]), merkt sich jede Torsion.« Chemische Gewöhnung illustrierte Ostwald[3]) an der Auflösung von Kupfer in Salpetersäure. Reine Salpetersäure löst Kupfer nur sehr träge auf; solche Salpetersäure aber, welche schon Kupfer aufgelöst hat greift dieses Metall bei weitem leichter an. Hier liegt die Ursache der »Gewöhnung« daran, dafs bei der Auflösung salpetrige Säure entsteht, welche den Vorgang katalytisch beeinflufst.

---

[1]) Hering, Über das Gedächtnis als allgem. Funktion der organischen Materie. Wien 1870.

[2]) Analyse der Empfindungen, Jena 1902. S. 178.

[3]) Vorlesungen über Naturphilosophie, Leipzig 1901.

Die zweite und fundamentalste vitale Eigenschaft ist nun aber wohl das Streben der lebendigen Substanz, sich zu erhalten, anders ausgedrückt, ihr Streben nach einem Maximum von Erhaltungsfähigkeit. Aus diesem Vermögen folgt die organische Anpassung und die organische Entwicklung und Vervollkommnung. Als psychisches Korrelat dieser Kraft, die man ganz wohl die Lebenskraft nennen könnte, stellt sich der lustsuchende Wille dar.

Die Äufserungen des vitalen Strebens nach der Selbsterhaltung nennt man die organische Zweckmäfsigkeit. Hiermit dürfen wir aber nicht die Vorstellung verbinden, dafs in der organischen Natur eine von der anorganischen ganz verschiedene Art von Zusammenhängen gegeben sei. Denn, wie Mach[1]) gezeigt hat, ist der Begriff des Zwecks oder Ziels nur ein Ausdruck für die Unvollständigkeit unserer Kenntnisse, und fällt der organische Zweck wohl zusammen mit dem Ergebnis der unmittelbaren, ursächlichen Zusammenhänge, die uns blofs vorläufig verborgen sind.

Das organische Streben nach dem vitalen Erhaltungsmaximum darf wohl nicht ohne weiteres als identisch angesehen werden mit dem Überleben des Passendsten, d. h. des unter den jeweiligen Umständen Unangreifbarsten und Dauerhaftesten, wodurch eine Art Anpassung aller Dinge untereinander erzeugt wird, einschliefslich der unorganischen, eine Anpassung, die,

[1]) l. c. S. 70.

ähnlich wie die Entropie, mit der Zeit nur wachsen kann, übrigens zum erstenmal von Empedokles betont wurde. Ein interessantes Beispiel von anorganischer Anpassung liefert die Farbenanpassung in der Photographie. Ein Gemenge von Chlorsilber und Halbchlorsilber geht unter der Einwirkung des Lichtes in verschiedene, verschieden gefärbte Verbindungen über. Läfst man auf dasselbe spektral zerlegtes Licht fallen, so bilden sich die Farben des Spektrums an entsprechenden Stellen ab, indem nämlich die rote Verbindung, weil sie rotes Licht zurückwirft, gegen dieses unempfindlich und daher beständig ist, ebenso die blaue Verbindung gegen blaues Licht. Entwirft man auf dem materiellen Bild des Spektrums ein neues Spektrum, aber in umgekehrter Farbenfolge, so verwandelt sich aus demselben Grunde die rote Verbindung in die blaue und die blaue in die rote.[1]) Ganz ähnliche Erscheinungen gewahrt man an einem Papier, das mit Gujakharz getränkt ist und verschieden farbigem Licht exponiert wird. — Fassen wir das Licht als einen Reiz für die farbenempfindliche Substanz auf, so ändert sich diese also immer in dem Sinne, dafs der Reiz aufhört, ein Reiz zu sein, und man kann sagen, dafs bei rotem Licht die rote Verbindung die erhaltungsgemäfseste Abänderung darstelle

Nun verläuft zwar die organische Anpassung sehr ähnlich; indessen will mir scheinen, dafs im eigent-

[1]) Vergl. Wiener, Wied. Ann. 55 (1895), 225.

lichen Falle es sich vielleicht um grundsätzlich Verschiedenes handle, indem doch der Organismus den Reizen gegenüber mit einem um so heftigeren Widerstand reagiert, als diese zerstörend auf ihn einwirkt. Und dieses egoistische Moment scheint den anorganischen Anpassungen, die tatsächlich auf bloſse Entropievermehrung hinauskommen, zu fehlen. Diese Seite der vitalen Selbsterhaltung faſste W. Roux als Gesetz der funktionellen Anpassung in die Worte: »Die Beanspruchung eines lebenden Gebildes stärkt dessen spezifische Leistung und Leistungsfähigkeit.«

Wir können jetzt also die eingangs gestellte Frage genauer dahin bestimmen: vermag man sich gegenwärtig ein chemisches Gebilde vorzustellen, welches die Eigenschaft hätte, sich spezifisch organisch anzupassen?

Zu dieser Frage verdanken wir dem berühmten Physiologen Ewald Hering[1]) eine überaus scharfsinnige Untersuchung. Hering hat gezeigt, daſs man die organische Anpassung in der Tat verstehen kann, wenn man von einem chemischen System ausgeht, welchem bestimmte Eigenschaften beigelegt werden. Wir werden also in letzter Linie zu entscheiden haben, ob Herings Annahmen den gegenwärtig bekannten dynamischen Gesetzen der Chemie entsprechen.

Hering geht von einer Substanz aus, die, wie wir es oben für das Protoplasma annahmen, sich stetig

---

[1]) Zur Theorie der Vorgänge in der lebendigen Substanz. Ztschr. Lotos. Prag 1888.

zersetzt und wieder erzeugt, durch die sich also ein Strom von Energie hindurchergiefst. Sie erhält sich ihrer Form nach, indem sie ein stationäres Gleichgewicht darstellt zwischen Zunahme und Schwund oder Assimilierung *A* und Dissimilierung *D*. Dieses Gleichgewicht heifse das autonome. Weiter nimmt Hering an, dafs durch hinzutretende äufsere Bedingungen oder Reize, entweder die *D* oder die *A* einseitig vermehrt werden solle. Hierdurch wird dann das autonome Gleichgewicht gestört und die Substanz kommt in einen gereizten Zustand.[1]) Nun nimmt Hering weiter an, und das ist der springende Punkt, dafs durch den *D*-Reiz, der eine vermehrte *D* veranlafst, die Disposition zur *D* abnimmt und die Disposition zur *A* zunimmt. Das Umgekehrte findet infolge eines *A*-Reizes statt: es wächst die *A*, und es soll sich darauf die *A*-Disposition vermindern und die *D*-Disposition steigern.

Man sieht nun leicht, dafs eine Substanz, welche diesen Voraussetzungen gehorcht, die Eigenschaft der automatischen Steuerung ihres stationären Gleichgewichts gewinnt. Wirkt nämlich ein *D*-Reiz immer weiter, so nimmt bei verminderter *D*-Disposition die autonome *D* mehr und mehr ab, während die autonome *A* wächst, und das Ergebnis dieser Selbst-

---

[1]) Die Reizbarkeit ist keine vitale Grundeigenschaft. Denn alle Körper sind reizbar, auch die unorganischen. Z. B. Patronen, Magnetnadeln, elastische Federn, Quecksilbertropfen.

bremsung ist ein neues, wie Hering sagt: allonomes Gleichgewicht, welches unter dem Zwange des fortwirkenden D-Reizes besteht. Die Substanz hat sich dem Reiz also offenbar angepaſst. Ganz ebenso paſst sich die Substanz einem A-Reiz an, indem bei allonomer A vermehrte autonome D eintritt, bis wieder ein allonomes Gleichgewicht erreicht ist. Von dem vorigen allonomen Gleichgewicht unterscheidet sich das jetzige so, daſs die Substanz im ersten Fall »unterwertig« geworden ist, nämlich an Gewicht, bezw. Konzentration abgenommen hat, im zweiten Fall »überwertig« ist, wenn man den ungereizten Zustand des autonomen Gleichgewichts als den »mittelwertigen« bezeichnet.[1])

In diesen mittelwertigen oder autonomen Zustand strebt die Substanz zurück, wenn der D- oder A-Reiz aufhört. Denn in dem Maſse, als sie durch den äuſseren Reiz zu stärkerer D veranlaſst worden war,

[1]) Im ungereizten Zustand bestehe die Gleichung:

$$A = D.$$

Dieselbe geht durch die Reize über in die beiden Ungleichungen:

$$A + a > D \text{ und } A < D + d.$$

Allmählich vermindert und vermehrt sich A bezw. D um gewisse Gröſsen α und δ, wodurch die neuen Gleichungen entstehen:

$$(A - \alpha) + a = (D + \delta) \text{ und } (A + \alpha) = (D - \delta) + d.$$

Dies sind die allonomen Gleichgewichte.

$A + \alpha$ ist die »autonom vermehrte Assimilation«.

$A + a$ ist die »allonom vermehrte Assimilation«. Entsprechendes gilt für die Dissimilation.

hat ihre Disposition zur *D* ab-, ihre Disposition zur *A* zugenommen. Ihre autonome *D* ist also jetzt schwächer, ihre autonome *A* aber stärker als vor der Reizung. Die unmittelbar nach Schlufs der Reizung gröfsere *A*-Disposition und entsprechend stärkere *A* nimmt nun aber in dem Mafse wieder ab, als durch letztere die durch die Reizung bedingte absteigende Veränderung wieder ausgeglichen wird. Entsprechend steigt die *D*-Disposition wieder an, und offenbar endigt dies mit der Wiederherstellung des mittelwertigen Zustandes.

Dies sind die Grundzüge der Heringschen Theorie; wir wollen nicht weiter ausführen, wie die weiteren allonomen Gleichgewichte beschaffen sind, die eintreten, wenn die *D*- und *A*-Reize kombiniert wirken, denn diese Konsequenzen ergeben sich leicht und bringen, so interessant sie sind, keine weiteren neuen Gesichtspunkte. Sondern wir wollen überlegen, ob die Heringschen Grundannahmen aus unseren gegenwärtigen Grundbegriffen des chemischen Geschehens abgeleitet werden können.

Nun ist der allgemeinste Begriff, unter dem wir heute alle bekannten chemischen Gleichgewichtsverschiebungen zusammenfassen, der Satz vom kleinsten Zwange. Er lautet: Jedes im Gleichgewicht befindliche chemische System reagiert auf eine zwangsweise Änderung so, dafs es sich dieser Änderung widersetzt. Nimmt an einem chemischen Gleichgewicht Wasserstoffion teil und bewirke ich einen solchen Eingriff, dafs dadurch die Konzentration des Wasserstoffions vermindert wird, so tritt eine solche Reaktion ein, welche dieses nachliefert. Übe ich auf das System einen Druck aus, so tritt eine solche Reaktion ein, welche mit Volumverminderung verknüpft ist, wodurch sich also das System der Änderung des Druckes widersetzt. Erhöhe ich die Temperatur, so reagiert das System so, dafs dabei Wärme verschluckt wird, wodurch die Änderung der Temperatur eingeschränkt wird. Nennen wir die zwangsweisen Änderungen Reize, so ändert sich das System allgemein dahin, dafs der Reiz kein Reiz mehr ist, und man kann auch hier sehr wohl sagen, dafs das gereizte chemische System sich dem Reize anpafst.

Es fragt sich nun, ob die aus den Heringschen Voraussetzungen abgeleitete biologische Anpassung ebenfalls unter das Prinzip des kleinsten Zwanges fällt. Ich glaube, dafs man dies bis zu einem gewissen Grade bejahen darf. Denn man kann ganz im allgemeinen wohl sagen, dafs die abnehmende D-Disposition bei vermehrter D darauf hinauskomme, dafs die Anhäufung eines Reaktionsproduktes den Fortgang der Reaktion hemme. Und das ist eben der Inhalt des Satzes vom kleinsten Zwange. Und wenn weiter angenommen wird, dafs zugleich die A-Disposition wächst, so läfst sich auch dies allenfalls im Sinne dieses Satzes dahin auslegen, dafs durch die vermehrte D die Konzentration der A-Produkte abgenommen habe und dadurch der Fortgang der A-Reaktion gefördert werde.

Unser Resultat lautet also, dafs es allerdings nicht ausgeschlossen erscheint, die biologischen Anpassungen Herings als Tatsachen zu begreifen, die aus dem Satze vom kleinsten Zwang gefolgert werden können. Doch darf nicht übersehen werden, dafs dies vorläufig nicht mit Schärfe einzusehen ist. Auch entzieht es sich der Beurteilung, ob alle tatsächlichen biologischen Anpassungen sich nach Herings Schema auslegen lassen. Jedenfalls aber ergibt sich, dafs hier das biologische Grundproblem liegt. Es wird sich darum handeln, eine Brücke zu schlagen von den chemisch wohlbekannten Tatsachen des beweglichen Gleichgewichts zu den biologischen Anpassungen.

Dies wird ein letztes Ziel der chemischen Forschung sein, und bevor sie es erreicht, werden wohl die Grundlagen der chemischen Wissenschaft noch vielfältiger Erweiterung bedürfen. Denn mit unseren gegenwärtigen Begriffen ausgerüstet, wäre es lächerlich, zu behaupten, dafs wir die vitalen Eigenschaften ohne weiteres in unserem Geiste konstruieren könnten.[1]) Ich kann diese Erörterungen nicht besser abschliefsen, als indem ich aus einem mir teuren Briefe von Ernst Mach eine Stelle zitiere, welche die Sachlage hinsicht-

[1]) Baur, Über die chem. Theor. der lebenden Substanz. Biol. Zentralbl. 18, 239 (1898).

lich des Problems der Lebenskraft in weitsichtigster Weise folgendermaſsen charakterisiert[1]):

»Ich glaube auch nicht, daſs die uns bekannten chemischen Gesetze zur Erklärung des organischen Lebens genügen. Setzen Sie aber den Fall, der Vorgang der organischen Entwicklung sei uns genau bekannt, meinen Sie nicht, daſs damit auch unsere Einsicht in die jetzt sogenannten chemischen Erscheinungen gewachsen wäre? Und würde sich die Kluft zwischen den Gesetzen des Organischen und Unorganischen vergröſsern oder verkleinern? Ich glaube das letztere, da wir dann umfassendere Gesetze kennen würden als gegenwärtig. Die Newtonsche Gravitation sagt uns mehr als der Spezialfall der Erdschwere. Vielleicht erscheint es dann als ein Wortstreit, wenn man sagt, die Bildung des Organischen sei chemisch nicht verständlich, oder sie sei so verständlich.«

M. H.! Ich komme zum Schluſs. Unter den vitalen Eigenschaften zählte ich nicht auf das Wachstum der Organismen. Denn die Wachstumskraft derselben ist just dieselbe, mit der der Kristall in seiner übersättigten Lösung weiterwächst. Wie wir früher sahen, ist mit der Organisation ein Abfall an freier Energie verbunden, und es organisieren sich die Stoffe durch eigene unwiderstehliche Gewalt. Was die Fortpflanzung anbetrifft, so bedeutet diese ja auch ein

[1]) Unterm 26. VIII. 1897.

Wachstum, das blofs mit der morphologischen, hier unwesentlichen, Besonderheit behaftet ist, dafs das wachsende Gebilde sich periodisch in eine Anzahl diskreter Glieder teilt. Alle aber wachsen mit derselben unstillbaren Begierde fort, und so zeigt sich, dafs die Desorganisation und der individuelle Tod nur etwas Vorübergehendes ist. Denn so lange eine Sonne Licht ausstrahlt — »am farb'gen Abglanz haben wir das Leben« —, wird auch der desorganisierte Stoff alsbald in den Kreis der lebendigen Gebilde zurückgesogen, und eilt das Abgestorbene, verjüngt und neugestaltet wieder teilzunehmen am Feste des Universums.

Inhalts-Verzeichnis.

www.ingramcontent.com/pod-product-compliance
Lightning Source LLC
LaVergne TN
LVHW042240300926
849161LV00003B/409